KB138312

궁금했어, 우주

유윤한 글 | **배중열** 그림

나무생각

차례

1장

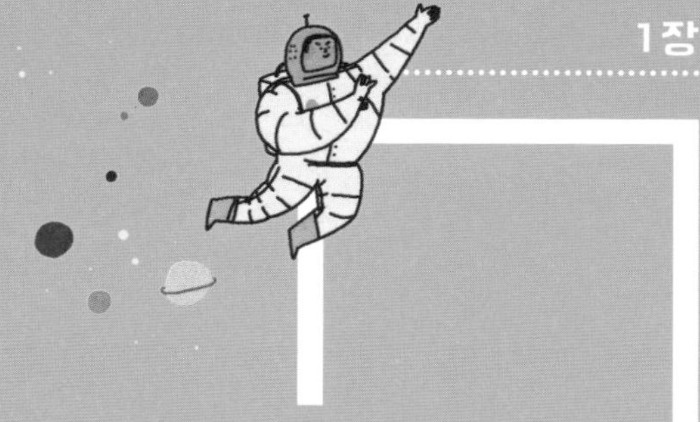

옛날 사람들은 세상이 어떻게 생겨났다고 생각했을까?

사람들이 상상했던 우주

아주 먼 옛날 사람들은 신이 세상을 만들었다고 생각했어. 하지만 어떤 신이 어떻게 세상을 만들었는지에 대한 이야기는 지역마다 달랐어.

아프리카 사람들은 신이 하늘과 바다를 먼저 만들고, 그다음에 땅을 만들었다고 믿었지. 그리고 땅이 바다로 떠내려가지 않게 신이 아주 큰 뱀에게 땅을 떠받치도록 시켰는데, 땅을 받치고 있던 뱀이 가끔씩 꿈틀거릴 때마다 땅에서 큰 지진이 난다고 생각했어.

러시아의 타타르족은 '올간'이라는 신을 믿었어. 타타르족은 올간이 편평한 땅을 만들어 물고기 등 위에 올려놓았다고 상상했지.

인도 사람들의 생각은 또 달랐어. 큰 코끼리 네 마리가 신이 만든 땅을 떠받치고, 이 코끼리들을 거북이 떠받치고, 그 아래에서는 뱀이 떠받치고 있다고 생각했어.

일본 북쪽 지방에 사는 아이누족도 신이 진흙으로 땅을 만들고, 이 땅을 커다란 물고기 등 위에 실어 놓았다고 생각했지. 그런가 하면, 몽골에서는 신이 땅을 만든 뒤 커다란 황금 개구리에게 떠받치도록 시켰다는 이야기가 전해 오고 있어.

모두 우리가 살아가는 땅에 대한 이야기야. 옛날 사람들은 하늘이 어떻게 생겨났는지에 대해서는 많은 상상을 하지 않았어. 아마도 신들만 사는 곳이라 믿었기 때문일 거야.

신이 우주가 되다

그렇다고 옛날 사람들이 하늘에 전혀 관심이 없었던 것은 아니야. 땅과 하늘이 연결되어 커다란 우주를 이룬다고 생각했던 것만은 분명해. 많은 사람들이 신의 몸이 변해서 땅과 하늘을 아우르는 세상이 되었다고 믿었거든.

옛날 중국 사람들은 우주가 생기기 전에 알이 하나 있었다고 믿었어. 어둠과 혼란만이 가득한 알 속에는 '반고'라는 신이 살고 있었지. 반고는 1만 8천 년 동안이나 알 속에 있다가 어느 날 도끼로 알을 깨고 바깥세상으로 나왔어. 그런데 반고가 나올 때 알 속의 공기도 따라 나왔어. 맑은 공기는 하늘이 되었고 탁한 공기는 땅이 되었어. 얼마 뒤 반고가 죽자 그가 내쉬던 숨결에서 바람과 구름이 생겨났어. 두 눈은 해와 달로 바뀌었고 피는 강물이 되었어. 피부와 털은 숲으로, 이와 뼈는 금속과 돌로 변했단다.

북유럽에서도 이와 비슷한 이야기가 전해 내려오고 있지. 신화에 따르면, 우주가 생겨나기 전에는 아무것도 없었고 오직 불기둥과 얼음만이 세상을 절반씩 차지하고 있었다고 해. 그러다가 이 둘이 만나는 틈에서 얼음이 녹기 시작했어. 이렇게 녹은 얼음 속에서 거인과 암소가 나왔지. 암소의 젖을 먹고 지내던 거인이 죽자 두개골은 하늘이 되고, 살은 땅이 되고, 피는 바다와 호수가 되고, 머리카락은 숲이 되었다고 해.

저절로 생기거나 말로 생겨난 우주

그렇다고 옛날 사람들 모두가 신이 직접 세상을 만들었다고 믿은 건 아니야. 그리스 사람들은 좀 달랐어. 그리스 사람들은 우주가 생겨나기 전에는 어둡고 혼란스럽기만 할 뿐 아무것도 없었을 거라고 상상했어. 이런 상태를 '카오스'라 불렀지. 그리스 신화에 따르면, 카오스로부터 땅의 여신 '가이아'가 저절로 나타났다고 해. 곧이어 가이아로부터 하늘의 신 우라노스가 생겨나면서 이 세상은 시작되었다고 하지. 카오스는 원래 '입을 크게 벌린 빈 공간'이란 뜻이야. 입을 아무리 크게 벌려도 그 속은 어두워 잘 보이지 않잖아? 카오스는 이처럼 어둡고 혼란스러운 상태를 말해. 그런데 이런 카오스에 말 한 마디를 던져 세상을 만든 신도 있어. 이스라엘 민족이 믿는 신 야훼야. 야훼가 "빛이 있으라!" 하고 말하자 텅 빈 공간에 처음으로 빛이 생겼어. 낮과 밤이 구분되는 첫째 날이 시작된 거야. 야훼는 특이하게도 시간을 먼저 만들고 나서, 우리가 사는 땅과 하늘을 만들기 시작했다고 해.

그리스 철학자들이 생각한 우주

누가 우주를 만들었는지보다 우주가 '무엇'으로 이루어졌는지가 더 궁금한 사람들도 있었어. 바로 고대 그리스의 철학자들이야. 이들은 모든 일에는 원인과 결과가 확실히 있다고 생각했지. 그래서 우주가 생겨나는 과정도 정확하게 밝혀내려 했어.

하지만 당시에는 망원경도, 현미경도 없었기 때문에 세상을 정확하게 관찰하기는 어려웠지. 그저 맨눈으로 꼼꼼히 살펴보며 추측해야만 했어. 몇몇 철학자들은 자연에서 가장 흔히 볼 수 있는 것으로부터 세상이 시작되었다고 주장했어.

기원전 7세기에 살았던 탈레스는 모든 것이 물에서 나왔다고 주장했어. 그래서 무엇이든 쪼개고 쪼개다 보면 마지막에는 물이 된다고 생각했어. 또 인간이 살고 있는 땅도 넓디넓은 물 위에 섬처럼 떠 있을

탈레스

것이라고 추측했지.

크세노파네스는 그리스에서 가장 처음 해시계를 만든 사람이야. 해가 뜨고 지는 것이 신의 뜻이 아니라 자연 현상의 규칙이라는 것을 알게 된 그는 신을 믿는 사람들이 어리석게 보였어. 그리스 신화에는 신들이 서로 싸우고 죽이면서 세상을 만들었다고 나오거든. 그는 규칙에 따라 움직이는 이 세상이 그렇게 무질서한 방법으로 만들어졌을 리가 없다고 판단했어. 그래서 오랜 고민 끝에 모든 것은 흙에서 나와 흙으로 돌아간다고 결론지었어.

아낙시메네스는 공기로부터 모든 것이 생겨났다고 생각한 철학자야. 우주에 퍼져 있는 공기가 뜨겁고 엷어지면 불이 되고, 차갑고 짙어지면 구름, 물, 흙이 된다고 생각했어. 그리고 편평한 지구가 공기 중에 둥둥 떠 있을 것이라고 믿었지.

우주를 만들고 움직이는 힘

그리스 철학자들에게는 공통점이 있었어. 대부분 물, 불, 공기, 흙을 의미 있게 여겼다는 거야. 그래서 어떤 철학자들은 이 네 가지가 어우러지면서 세상이 생겨났다고 주장하기도 했지. 특히 엠페도클레스는 이 네 가지에 사랑하는 힘과 미워하는 힘이 작용한다고 믿었어. 그 힘이 얼마나 큰가에 따라 네 가지가 서로 달라붙기도 하고 멀어지기도 하면서 세상 모든 것이 생겨났다고 보았지.

이때부터 사람들은 세상을 이루는 재료뿐만 아니라 그것을 움직이는 힘에도 궁금증을 가지게 되었어. 헤라클레이토스는 타오르는 불로부터 세상이 생겨나 변화하고 발전한다고 생각했어. 타오르는 힘이 강할 때는 공기, 바람, 흙이 생겨나고, 타오르는 힘이 약해지면 축축한 물이 된다고 주장했지. 눈에 보이는 불보다 그것을 타오르게 하는 힘을 더 중요하게 본 거야.

물론 세상을 만들고 돌아가게 하는 이런 힘은 오직 신만이 가질 수 있다고 믿는 철학자도 있었어. 바로 플라톤과 그의 제자인 아리스토텔레스야. 이들은 신이 자기가 사는 세상을 본떠 흙, 물, 불, 공기로 지구를 만들었고, 지구가 우주의 중심이라고 주장했어. 특히 아리스토텔레스는 양파처럼 몇 겹으로 이루어진 우주의 중심에 지구가 놓여 있다고 생각했지. 양파 구조의 우주에서는 가장 바깥 껍질에 항성*들이 있고, 가장 안쪽 중심에 지구가 있어. 행성*들은 가장 바깥 껍질과 중심의 지구 사이에 있는 여러 겹의 또 다른 껍질들 위에 흩어져 있다고 믿었지.

이런 아리스토텔레스의 생각은 후대 사람들에게 큰 영향을 끼쳤어. 지구를 둘러싼 껍질이 돌면, 그 껍질에 위치한 행성들도 함께 움직인다는 생각이 서양 사람들 머릿속에 깊이 뿌리내리게 되었지.

* **항성** 움직이지 않고 스스로 빛을 내는 별
* **행성** 스스로 빛을 내지 못하고 항성 주위를 도는 천체

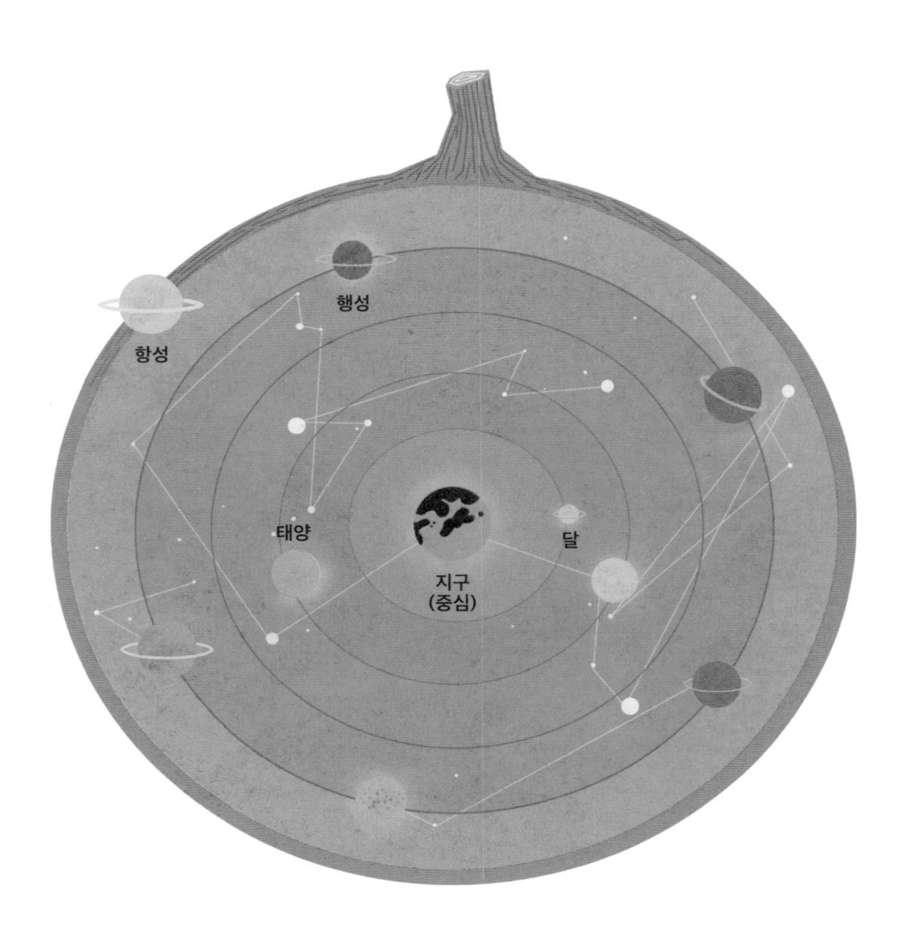

아리스토텔레스가 생각한
양파 구조의 우주

관찰에서 과학으로

100년경에 태어난 알렉산드리아의 프톨레마이오스는《알마게스트(Almagest)》라는 천문학 책을 썼어. 고대로부터 내려오던 천문학 이론과 하늘을 관측한 결과를 기록한 책이야. 모두 13권으로 이루어졌어. 이 책에는 약 1,020개나 되는 항성들의 위치와 49개의 별자리에 대한 이야기가 담겨 있지.

프톨레마이오스보다 먼저 우주에 대한 책을 쓴 사람은 많았어. 하지만 아무도 프톨레마이오스만큼 어마어마한 자료를 다루지는 못했지. 게다가 수많은 관찰 결과를 바탕으로 체계적인 이론을 주장했다는 점에서 프톨레마이오스를 따를 사람은 아무도 없었어. 그러니까 프톨레마이오스는 최초의 우주 과학자이자 천문학자라 불릴 만해.

프톨레마이오스는 스스로 관측 기구를 만드는 데에도 뛰어났어. 자신이 만든 관측 기구를 가지고 많은 자연 현상을 발견했지. 예를 들어 달이 움직이는 속도가 항상 똑같지 않다는 것을 알아냈어. 달은 지구 주위를 돌 때 원 모양을 그리며 일정한 간격으로 돌지는 않아. 지구와 좀 더 가까워질 때도 있고 멀어질 때도 있거든. 프톨레마이오스는 달이 지구와 가까워지면 움직이는 속도가 좀 더 빨라지고, 멀어지면 느려진다는 사실까지 알아냈어.

프톨레마이오스

또 빛이 다른 물질을 통과할 때 곧게 뻗

어 나아가지 않는다는 것도 발견했어. 즉, 빛이 공기를 지나 물속으로 들어갈 때 공기와 물이 닿는 면에서 팔꿈치 접듯 꺾인다는 것을 알아냈지. 이것은 투명한 물컵에 젓가락을 넣어 보면 바로 확인할 수 있단다.

그뿐만이 아니야. 태양계의 행성들이 지구를 중심으로 멀어져 가는 순서도 추측했어. 프톨레마이오스는 수성, 금성, 태양, 화성, 목성, 토성 순서로 지구로부터 멀어진다고 주장했어. 지금의 과학 지식으로 보면 지구와 태양의 위치가 바뀌기는 했지만, 나머지 행성들이 자리 잡고 있는 순서는 아주 정확하게 짚어 낸 거야.

지구는 정말 우주의 중심일까?

프톨레마이오스도 아리스토텔레스처럼 태양이나 달을 비롯한 천체들이 지구 주위를 돌고 있다고 주장했어. 심지어 하늘에서 내려오는 모든 것이 지구에 떨어지는 이유도 지구가 우주의 중심이기 때문이라고 확신했지. 이처럼 지구가 우주의 중심에 있고, 그 주위를 다른 별들이 돈다는 주장을 '지구 중심설', 혹은 '천동설'이라고 해.

지구 중심설은 16세기가 될 때까지 1,000년이 넘는 시간 동안 아무런 의심도 받지 않았어. 그 이유는 오랫동안 서양을 지배했던 기독교의 영향이 컸지. 기독교인들은 지구가 우주의 중심이 되어야 한다고 생각했거든. 왜냐하면 지구는 하느님의 위대한 창조물인 인간이 사는 곳이니까. 그래서 지구 중심설과 다른 주장을 펼치는 사람들에게는 큰 벌을 주거나 목숨을 빼앗기도 했어. 그러다 보니 간혹 지구 중심설을 의심스럽게 생각하는 사람이 있더라도 절대 입 밖으로 말할 수는 없었단다.

17세기에 망원경이 발명되자 사람들은 하늘을 좀 더 자세히 관찰할 수 있게 되었어. 그때까지 맨눈으로 볼 수 없었던 것들이 하나둘 보이기 시작한 거야. 그런데 하늘의 많은 것들이 지구 중심설로는 설명하기 어렵다는 것을 깨닫게 되었어. 사실 그전부터 지구 중심설은 조금씩 사람들의 의심을 받아 왔지. 무엇보다 지구 중심설에 따라 만든 달력이 정확하지 않았기 때문이야. 달력 날짜가 실제로 계절이 바뀌는 때와 열흘이 넘게 차이가 났거든.

과학자들이 생각한 우주

고대 그리스의 철학자들은 지구가 우주의 중심이라는 천동설을 철석같이 믿고 이를 체계적으로 발전시켰어. 천동설은 기독교의 지지를 받으면서 1400년경까지 서양을 지배할 수 있었지. 하지만 이것은 진정한 과학이라고 볼 수 없어.

과학 이론이 자리 잡으려면 수많은 관찰이 뒷받침되어야 해. 관찰 자료를 통해 어떤 결론을 얻게 되면, 역시 수많은 실험을 통해 그것이 맞는지 확인해야 하지.

관찰과 실험은 아주 지루하고 힘든 과정이야. 하지만 과학자들은 오히려 그런 어려움을 기꺼이 즐기지. 올림픽에 참가하는 선수들이 금메달을 위해 매일 반복되는 힘든 훈련에 몸을 던지는 것처럼.

위대한 발견을 증명할 만한 실험이 몇 시간 만에 끝나는 경우는 거의 없어. 몇 년이 걸리기도 하고, 때로는 몇십 년이 걸리기도 해. 하지만 천동설을 주장했던 사람들은 이런 노력을 기울이지 않았어. 망원경이 없었던 시절이라 제대로 된 관측이나 실험을 할 수 없었거든. 대신 그들은 맨눈으로 하늘을 보며 우주에 대한 상상을 했어. 자신들의 신앙이나 철학에 맞는 우주를 그려 내고 싶었기 때문이었지. 과학자의 입장에서 보면 어처구니없지만, 그들이 살았던 시대에서는 그 이상 연구하기가 쉽지 않았을 거야.

의심에서 시작된 코페르니쿠스 혁명

과학은 의심에서 출발해. 모두가 당연하다고 생각하는 일에 끊임없이 "왜?"라는 질문을 던지는 사람이 바로 과학자야. 그런 과학자의 눈으로 역사에 길이 남을 만한 업적을 남긴 사람이 바로 폴란드의 신부였던 코페르니쿠스란다. 코페르니쿠스는 사람들이 1,000년 넘게 믿어 오던 사실에 의심의 눈길을 보내기 시작했어.

1473년에 태어난 코페르니쿠스는 청년 시절 이탈리아로 건너갔어. 다양한 학문을 공부하기 위해서였지. 코페르니쿠스는 이탈리아에서 고대 그리스 철학자들이 쓴 책을 읽었는데 그중에는 천동설을 배우며 자

코페르니쿠스

란 그에게 큰 충격을 주는 놀라운 책이 있었지. 지구를 포함한 행성들이 태양을 중심으로 돈다는 내용의 책이었어.

과학에 대한 지식이 깊어질수록 코페르니쿠스는 태양 중심설이 옳다는 확신이 들었어. 이 태양 중심설을 다른 말로 지동설이라고 해. 당시에는 달력과 실제 계절 변화가 달라 사람들이 불편을 겪고 있었는데 지동설을 바탕으로 날짜를 계산해 보자 놀랍게도 좀 더 정확한 달력을 만들 수 있었지. 뿐만 아니라 밤하늘에서 관측되는 여러 가지 신기한 현상도 이유를 설명할 수 있었어.

이러한 관찰을 바탕으로, 코페르니쿠스는 지구가 태양의 주위를 돈다는 주장을 담은《천체의 회전에 관하여》라는 책을 썼어. 그런데 죽기 직전까지 이 책의 출간을 미루었어. 가톨릭 신부였던 그는 로마 교황청으로부터 처벌을 받는 게 두려웠거든. 당시 교황청에서는 하느님이 창조한 지구가 우주의 중심이고, 태양이나 다른 행성들은 지구를 중심으로 돌고 있다고 가르치고 있었어. 코페르니쿠스는 이미 다른 신부들로부터 "지구가 도는 것을 증명해 출세하려는 점성술사"라는 비난을 받고 있던 터라 더 조심했을 거야. 그는 숨을 거두기 직전에야 책의 출간을 허락했단다.

후세 사람들은 지구가 태양을 중심으로 돈다고 발표된 순간 '코페르니쿠스 혁명'이 일어났다고 말해. 코페르니쿠스의 주장이 1,000년이 넘게 사람들 사이에 퍼져 있던 생각을 완전히 뒤집었기 때문이지.

맨눈으로 해낸 위대한 관측

코페르니쿠스가 지동설을 주장해 혁명을 일으킨 뒤에도 여전히 세상에는 태양이 지구 주위를 돈다고 믿는 사람들이 더 많았어. 아마 코페르니쿠스의 주장에 정확한 관찰 결과가 뒤따르지 않았기 때문일 거야.

덴마크의 천문학자인 튀코 브라헤도 코페르니쿠스의 지동설을 거부하는 사람들 중 한 명이었어. 그는 밤하늘을 열심히 관찰해 지구가 우주의 중심이라는 사실을 뒷받침할 증거를 찾아야겠다고 마음먹었지. 아직 망원경이 발명되지 않았던 때였지만, 브라헤에게는 놀라운 시력이 있었어. 밤에도 멀리 있는 사람을 알아볼 정도로 눈이 좋았거든. 그는 타고난 장점을 발휘해 평생 동안 아주 많은 관측을 했어.

그는 또 훌륭한 천문대를 가지고 있었어. 국왕의 도움을 받아서 세운 천문대였지. 여기서 브라헤는 새로운 별 하나를 발견했어. 그리고 이 별의 밝기가 변하는 과정을 자세히 기록해 두었는데, 오늘날 이 별은 초신성 중 하나인 것으로 밝혀졌어. 초신성은 갑작스러운 폭발로 엄청나게 밝은 빛을 낸 뒤 점점 사라져 가는 별이야.

튀코 브라헤

브라헤는 당시 많은 사람들이 두려워했던 혜성을 정확히 관측하는 데도 성공했어. 그때까지만 해도 사람들은 밤하늘에 갑자기 혜성이 나타나면 모두 공포에 떨기 일쑤였지. 칠흑같이 검은 하늘에 긴 꼬리를 그리며 환하게 타오르다 사라지는 모습을 불길하게 여겼기 때문이야. 사람들은 혜성이 떨어지면 큰 인물이 죽거나 전쟁이 일어나 많은 사람들이 희생될 것이라고 믿었지.

하지만 브라헤는 사람들을 두려움에 떨게 만드는 혜성이 사실은 태양을 중심으로 도는 평범한 천체 중 하나일 뿐이라는 사실을 밝혀냈어. 혜성은 불행을 알리기 위해 밤하늘에 나타났다 사라지는 기이한 별이 아니라 다른 행성들처럼 태양 주위를 돌다가 지구 근처를 지날 때 사람들 눈에 잠깐 보인 것일 뿐이라고 말이야. 게다가 크기도 금성이나 화성 같은 행성들에 비하면 아주 작다는 것도 알아냈지.

이외에도 브라헤가 관측을 통해 알아낸 사실은 아주 많아. 하지만 자신이 목표로 했던 증거를 찾지는 못했어. 어떻게 해서든 태양이 지구 주위를 돈다는 사실을 밝혀내고 싶었는데 말이야. 처음부터 생각 자체가 틀린 것이었기 때문에 증명하기 어려웠던 거지.

과학자들 중에는 자신이 원하는 결과를 얻지 못하면 관찰이나 실험 결과를 조작해서 거짓으로 발표하는 경우도 있어. 세상 사람들을 속이고 뛰어난 과학자로 이름을 날리고 싶어서지. 그러나 브라헤는 평생을 천문 관측에 바치고도 원하는 결과를 얻지 못했지만 그런 거짓말은 하지 않았어. 오히려 세상을 뜨는 순간까지 지구가 우주의 중심이라는 증거를 찾을 수 있다고 믿으며 제자였던 요하네스 케플러에게 뒷일을 부탁할 정도였지.

케플러의 세 가지 법칙

독일의 천문학자인 케플러는 가난한 집안에서 태어난 데다 몸이 아주 허약해 불행한 어린 시절을 보냈어. 하지만 알고 싶은 것을 포기하지 않는 탐구 정신만은 누구보다 뛰어났지. 젊은 시절 케플러는 지동설을 주장하는 코페르니쿠스를 지지했어. 하지만 자신의 생각을 증명할 관측 자료나 실력을 갖추지는 못했어. 그래서 스승의 지도를 받으며 더 공부해야겠다고 마음먹었지.

케플러는 28세에 튀코 브라헤를 찾아가 제자가 되었어. 브라헤가 천문 관측에 아주 뛰어나다는 평판을 듣고, 배울 것이 많다고 생각했기 때문이야. 하지만 브라헤는 큰 병이 들어 세상을 떠나고 말았어. 케플러에게 평생 관측한 자료를 물려주며, 우주의 중심이 지구라는 사실을 꼭 증명해 달라고 부탁하면서 말이야.

케플러

케플러는 그 후 20여 년 동안이나 스승이 남긴 자료를 검토하고 연구를 거듭했어. 화성의 궤도만 70번이 넘게 계산할 정도였지. 그리고 화성이 태양 주위를 돌 때 타원을 그린다는 사실을 알아냈어. 또 지구를 포함한 행성들은 각자 서로 다른 크기의 타원을 그리며 태양 주위를 돈다는 사실도 찾아냈지.

그때까지도 사람들은 지구가 우주의 중심이라고 생각했어. 또 태양과 다른 행성들이 지구 주위를 동그란 원을 그리며 돈다고 믿었지. 그런데 케플러는 이런 상식을 뒤집는 놀라운 사실들을 알아낸 거야. 그는 자신의 발견을 다음과 같은 세 가지 법칙으로 나타냈어.

제1법칙 행성들은 태양을 중심으로 타원 궤도를 그리며 움직인다.

제2법칙 행성들이 타원을 그리며 움직일 때, 같은 시간 동안 지나간 면적은 항상 같다.

제3법칙 행성이 태양에서 멀리 있을수록, 즉 공전 궤도의 반지름이 길어질수록 태양 주위를 한 바퀴 도는 주기가 커진다.

케플러의 법칙은 태양과 행성 사이에 보이지 않는 어떤 힘이 작용한다는 우주의 비밀을 말해 주고 있었어. 이로부터 60여 년이 흐른 후 뉴턴은 이 법칙들을 바탕으로 정말 놀라운 발견을 하게 돼.

그래도 지구는 돈다

1564년 이탈리아에서 태어난 갈릴레오 갈릴레이는 케플러와 같은 시대를 살았던 과학자야. 갈릴레이도 케플러처럼 수학에 뛰어난 천문학자였어. 자신이 알아내고자 하는 사실에 대해 실험과 관찰을 거듭했고, 그 결과를 수학 공식으로 설명하려 했어. 자연 과학과 수학을 합쳐 체계적으로 연구한 과학자는 아마도 갈릴레이가 최초일 거야. 그래서 사람들은 갈릴레이를 '근대 과학의 아버지'라 부른단다.

갈릴레이가 했던 가장 유명한 실험은 피사의 사탑에 올라가 물건을 떨어뜨린 것이었어. 돌멩이와 깃털을 동시에 떨어뜨렸다고 하지만, 큰 쇠공과 작은 쇠공을 동시에 떨어뜨렸다는 말도 있고, 진공 상태를 만들지 못해 머릿속으로만 상상해 보는 '사고 실험'을 했다는 말도 있어. 어쨌든 갈릴레이가 주장하고 싶었던 것은 지구가 물체를 끌어당기는 힘이 있다는 것이었어. 이 힘의 이름은 '중력'이야. 중력은 지구상에 있는 모든 물체들이 같은 속도로 땅에 떨어지게 작용해.

갈릴레이는 바깥에서 힘을 가하지 않으면 모든 물체는 처음 상태를 유지하려 한다는 것도 알아냈어. 예를 들어 움직이는 물체는 영원히 움직이려 하고, 정지한 물체는 영원히 정지해 있으려 하지. 이것을 '관성'이라고 하는데, 달리는 자동차가 갑자기 멈추면 차 안에 있던 사람들이 모두 앞으로 쏠리는 현상과 같은 거야. 중력과 관성은 지구상의 작은 물체에서 우주 공간의 거대한 천체에 이르기까지 모든 물체의 운동을 설명하는 데 아주 중요한 힘이야.

갈릴레이

갈릴레이는 관측에도 아주 뛰어났어. 보통 사람들이 쓰던 것보다 30배나 잘 보이는 망원경을 직접 만들어 우주에 대해 많은 사실을 알아냈지. 그중에서 가장 주목할 만한 것은 금성에 대한 관찰이야. 금성이 달처럼 차올랐다 이지러지며 크기가 변한다는 사실을 발견한 거지. 이것은 금성이 태양 주위를 돌고 있다는 사실을 추측하는 근거가 되었어. 그때까지도 많은 사람들이 태양계의 행성들이 지구를 중심으로 돈다고 믿고 있었는데 말이야. 갈릴레이는 자신이 관찰한 결과를 수없이 확인한 뒤 지구는 우주의 중심이 아니며 태양 주위를 도는 행성들 중 하나에 지나지 않는다고 결론 내렸어.

결국 갈릴레이는《두 개의 주요 우주 체계에 대한 대화》라는 책을 써서 코페르니쿠스의 지동설을 지지했어. 하지만 이 책의 내용이《성경》에 어긋난다고 판단한 로마 교황청은 갈릴레이에게 종교 재판을 받도록 했지.

갈릴레이는 크게 두려웠을 거야. 이미 브루노라는 사람이 지동설을 주장하다가 사형을 당한 뒤였거든. 갈릴레이는 재판정에 서자 자신을 노려보는 많은 사람들 앞에서 어쩔 수 없이 지동설이 틀리고 천동설이 옳다고 말했어. 그 자리에서 지동설을 계속 주장할 용기가 없었기 때문이었을 거야. 아니면, 아직도 하고 싶은 연구가 많은데 브루노처럼 화형장의 잿더미로 사라지는 게 싫었을 수도 있어.

다행히 갈릴레이는 사형을 면하고 집 안에 갇히는 벌을 받게 되었어. 그는 재판정을 나오면서, "그래도 지구는 돈다."라고 작게 중얼거렸다고 하는데 갈릴레이가 정말 그랬는지, 아니면 후세 사람들이 지어낸 이야기인지는 확실치 않아. 다만 그의 이 한 마디는 종교에 대한 과학의 저항을 보여 주는 말로 유명하단다.

세상을 움직이는 힘

케플러와 갈릴레이 덕분에 사람들은 우주 만물이 움직이는 원리에 대해 눈을 뜨게 됐어. 멀리 밤하늘에 반짝이는 별뿐만 아니라 주변에서 굴러다니는 돌멩이까지 모든 물체에 작용하는 힘이 있다는 것을 깨닫게 되었지.

케플러와 갈릴레이는 모두 지동설을 지지했지만, 각자 다른 분야에서도 위대한 능력을 보여 주었어. 케플러는 태양과 행성들의 운동 법칙을 알아냈고 갈릴레이는 운동하는 물체들 사이에 작용하는 힘의 법칙을 알아냈지. 그런데 사실 이 두 분야는 서로 떼려야 뗄 수 없는 관계야. 별이나 행성도 우주 공간에서 운동하는 물체이기 때문이지. 이 사실을 꿰뚫어 보고 우주 만물이 움직이는 원리를 발견한 사람이 바로 뉴턴이란다.

거인의 어깨 위에 앉은 또 다른 거인

뉴턴은 갈릴레이가 세상을 떠난 해 영국에서 태어났어. 외할머니 밑에서 자랐는데 아버지는 뉴턴이 태어나기도 전에 세상을 떠났고, 어머니는 재혼한 뒤 다른 곳에서 살았기 때문이야. 뉴턴은 대부분의 시간을 혼자 자연을 관찰하고, 깊은 생각에 잠긴 채 보내곤 했어.

나중에 함께 살게 된 어머니는 뉴턴에게 학교에 가는 대신 집안의 농장을 돌보게 했어. 하지만 공부를 좋아했던 뉴턴은 양 떼가 도망가는 것도 모르고 책에 빠져 있을 때가 많았어. 학교 선생님들도 어머니를 찾아와 아들에게 계속 공부를 시키도록 권했어.

결국 뉴턴은 학교로 돌아갔고, 열심히 공부한 끝에 케임브리지 대학에 입학할 수 있었어. 26세가 되었을 때는 이미 실력을 인정받아 자신이 다니던 대학의 교수가 될 정도였지.

뉴턴은 계산에 남다른 능력을 보여 준 수학자였어. 고등학교 수학 시간에 배우는 미적분법을 제일 처음 발견한 사람도 뉴턴이거든. 뉴턴은 자신이 발견한 물체 운동의 원리를 수학 공식으로 잘 정리해 두었어. 뉴턴이 세상을 떠난 지 300여 년이나 지난 지금도 산업 현장에서는 뉴턴의 공식에 따라 설계도 하고 공사도 진행한단다.

뉴턴

뉴턴은 빛을 다루는 데 뛰어난 과학자이기도 했어. 그는 갈릴레이가 만든 망원경보다 훨씬 성능이 뛰어난 망원경을 만들었는데, 빛을 반사하는 거울을 망원경 안에 설치해서 물체를 좀 더 정확하게 볼 수 있도록 고안했지.

뉴턴이 살았던 때만 해도 사람들은 빛이 하나의 색으로만 이루어졌다고 믿었어. 하지만 뉴턴은 실험을 통해 빛이 일곱 가지 색깔로 나뉜다는 것을 증명했어. 또 각 색깔마다 가지고 있는 서로 다른 특징을 자세히 관찰하고 기록했지. 물체의 운동에서 빛의 성질에 이르기까지 뉴턴이 이룬 업적은 훗날 우주를 연구하는 물리학의 기초가 되었어.

이처럼 위대한 뉴턴이었지만 그는 자신을 우러러 보는 사람들에게 겸손하게 말했어.

"나는 거인의 어깨 위에 앉은 것뿐입니다."

뉴턴이 말하는 거인은 바로 갈릴레이야. 뉴턴은 갈릴레이라는 위대한 과학자가 앞에 있었기에 자신의 연구를 발전시킬 수 있었다고 말한 거지. 하지만 뉴턴도 거인 위에 앉은 또 다른 거인이라 할 수 있어.

고전 물리학을 완성하다

중력은 지구가 물체를 끌어당기는 힘이야. 갈릴레이는 높은 곳에서 물건을 떨어뜨리면 중력에 끌려 땅으로 떨어진다고 주장했어. 중력은 다른 말로 만유인력이라고도 해. 만유인력은 지구가 물체를 끌어당기는 힘뿐만 아니라, 우주에 존재하는 모든 물체들이 서로를 끌어당기는 힘을 말해. 이처럼 우주 전체에 만유인력이 존재한다고 생각한 대표적인 사람이 뉴턴이야.

뉴턴은 달이 지구 주위를 도는 것도 지구의 중력이 달을 붙들어 두기 때문이 아닐까 하는 의문을 품게 되었어. 그러자 '달에는 중력이 없을까?', '지구도 달의 중력에 영향을 받지 않을까?' 하는 궁금증이 꼬리를 물고 이어졌지.

자연 현상을 세밀히 관찰했던 뉴턴은 달의 중력 때문에 일어나는 현상을 놓치지 않았어. 예를 들어 달과 가까워진 쪽 바다에서는 바닷물이 달의 중력에 끌려 높이 차올라. 그러면 평소 맨발로 뛰놀던 갯벌이 밀려드는 바닷물에 잠기고 말지. 이것이 하루 두 번씩 찾아오는 밀물이야. 한편, 달과 멀어진 쪽 바다에서는 달의 중력이 약해지면서 물이 빠져나가는데, 이것이 썰물이야.

뉴턴은 중력이 지구를 포함한 태양계 전체에 어떤 영향을 끼치는지 알아내야겠다고 결심했어. 그래서 직접 새로운 망원경을 만들어 태양과 행성의 운동을 관찰해 케플러의 세 가지 법칙이 옳다는 것을 수학적으로 완벽하게 증명했어. 이 과정에서 미적분법도 발견했지.

뉴턴이 증명했듯이 케플러의 법칙이 성립하는 이유는 태양과 행성들이 일정한 힘으로 서로를 끌어당기고 있기 때문이야.

물론 우주에는 만유인력 외에도 또 다른 종류의 힘들이 있어. 예를 들면 전자기력, 핵력 등이야. 만유인력과 다른 힘들은 서로 영향을 주고받으며 물체가 정지해 있거나 움직이도록 만들어. 뉴턴은 두 물체 사이의 거리가 가깝고 질량*이 클수록 만유인력이 커진다는 사실을 계산으로

* **질량** 질량은 무게와 다르다. 무게는 중력이 물체를 잡아당기는 힘이고 질량은 물체 자체의 양이다. 중력이 약한 달로 가면 우리 몸무게는 6분의 1로 줄지만 질량은 물체의 중력이 달라져도 변하지 않는다.

증명했어. 이것이 바로 그 유명한 '만유인력의 법칙'이야.

그러나 뉴턴은 태양과 행성들 사이에 왜 만유인력이 작용하게 되는지, 그 이유까지는 알아내지 못했어. 이 문제는 뉴턴이 세상을 뜬 후 몇백 년이 지나서야 아인슈타인이 풀어냈어. 아인슈타인이 우주 만물에 작용하는 힘의 비밀을 알아낸 순간 우주의 기나긴 역사도 모습을 드러내게 되었지.

뉴턴의 세 가지 운동 법칙

| 운동의 제1법칙 | **관성의 법칙**

물체는 힘을 받지 않는 한 원래 상태를 유지하려 한다. 이런 성질을 관성이라고 한다. 달리는 버스가 급정거하면 안에서 손잡이를 잡고 선 승객의 몸은 앞쪽으로 쏠린다. 버스는 멈추었지만, 승객은 앞으로 나아가는 상태를 계속 유지하려 하기 때문이다.

| 운동의 제2법칙 | 가속도의 법칙

물체에 힘을 주면, 그 방향으로 움직이는 속도가 빨라진다. 이처럼 일정한 시간에 대한 속도가 변하는 정도를 가속도라 한다. 힘이 클수록 속도는 더 빨라지고, 물체의 질량이 클수록 속도는 더 느려진다. 같은 크기의 야구공과 쇠공이 있을 때 바람이 불면 쇠공보다 야구공이 더 멀리 굴러간다. 이것은 질량이 클수록 속도가 느려지기 때문이다.

| 운동의 제3법칙 | 작용 · 반작용의 법칙

물체에 힘을 주면, 물체는 크기는 같고 방향은 반대인 힘을 되돌려준다. 강에서 보트를 타고 노를 저으면 배가 앞으로 나아간다. 배에 달린 노가 물을 뒤로 밀어내는 작용을 하자, 물이 배를 앞으로 밀어내는 반작용을 하기 때문이다.

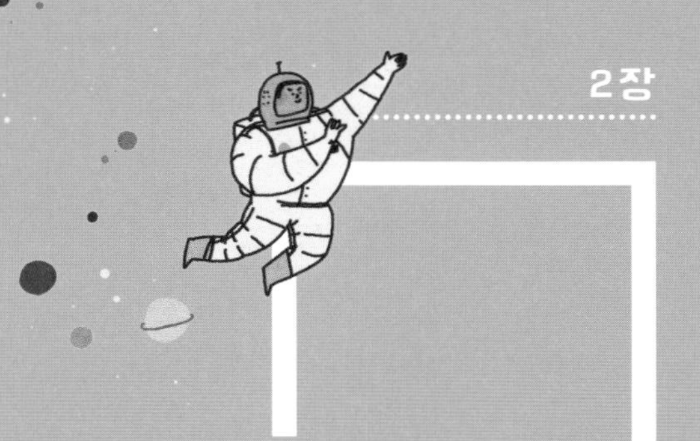

2장

세상은 어떤 힘으로 움직이게 되었을까?

우주의 비밀을 엿본 아이

1879년 독일 울름 시의 유대인 가정에서 한 남자아이가 태어났어. 어머니는 아들의 뒤통수가 한쪽으로 지나치게 튀어나와 있어 혹시 문제가 있는 건 아닐까 크게 걱정했지. 게다가 아들은 세 살이 될 때까지 말을 잘 하지 못했어. 걱정이 된 어머니는 아들을 의사에게 데려갔는데, 다행히 큰 문제는 없다는 진단을 받았어. 유난히 발달이 느려 어머니를 걱정시켰던 이 아이가 바로 상대성 이론으로 유명한 과학자 알베르트 아인슈타인이야.

나침반을 움직이는 힘

아인슈타인이 다섯 살이 되었을 무렵이었어. 어느 날 아버지에게 나침반을 선물로 받았지. 아인슈타인은 나침반이 정말 신기했어. 어디에 가져다 놓아도 나침반 바늘의 빨간 끝이 북쪽을 가리켰거든. 누가 일부러 돌려놓은 것도 아닌데 바늘이 스스로 알아서 방향을 찾아갔어. 아인슈타인은 눈에 보이지 않는 힘이 바늘을 잡아끌고 있다고 생각했지. 과연 어떤 힘이 이런 마술을 부리는지 알고 싶었어. 이때 품게 된 궁금증은 뒷날 우주 공간을 지배하는 힘을 발견하게 만드는 출발점이 되었어.

아인슈타인의 아버지와 삼촌은 모두 발명가이자 사업가였어. 덕분에 아인슈타인은 아주 어릴 때부터 아버지가 운영하는 전기 회사에서 발전기나 증기 기관이 작동하는 것을 볼 수 있었지. 전기나 기계의 힘이 빛이나 열을 내는 에너지로 바뀌는 과정을 직접 볼 수 있는 좋은 기회였어.

16세가 되었을 때 아인슈타인은 학교에서 배우는 수학 과정을 훤히 꿰뚫을 정도였어. 심지어 평소 좋아하는 바이올린 곡에서도 수학 계산처럼 논리적인 구조를 발견할 정도였지. 그가 가장 좋아하는 곡은 모차르트의 '바이올린 소나타 21번 마단조'였어. 바이올린 연주는 아인슈타인이 평생 동안 즐긴 취미이기도 해.

아인슈타인

수학과 과학에는 아주 뛰어난 아인슈타인이었지만, 학교생활에 잘 적응한 학생은 아니었어. 대학 다닐 때는 교수님으로부터 '아주 게으른 학생'이란 말을 들었고, 김나

지움(독일의 고등학교)도 다니다가 그만두었을 정도니까. 아인슈타인은 엄격하고, 무조건 암기만 강요하는 학교 분위기가 싫었어. 게다가 가족들이 모두 아버지의 사업 때문에 이탈리아에 살았기 때문에 가족이 그리워서 더더욱 김나지움에 다니기 싫었는지도 몰라.

김나지움을 그만둔 아인슈타인은 혼자 공부해서 스위스의 취리히 공과 대학에 가기로 했어. 대학 입학 시험을 보았지만 아쉽게도 불합격이었지. 하지만 입학사정관이었던 교수는 아인슈타인의 뛰어난 수학 실력을 눈여겨보았어. 그래서 아인슈타인에게 한 고등학교를 소개해 주면서 1년 동안 부족한 과목을 보충하도록 권했지.

아인슈타인은 스위스의 아라우에 있는 이 학교가 아주 마음에 들었어. 독일의 김나지움처럼 엄격하지도 않았고, 무엇보다 수학을 중시했기 때문이야. 아인슈타인은 이곳에서 자유롭게 공부하며, '물체가 빛의 속도로 달리면 어떻게 될까?'에 대한 고민을 시작했어. 그리고 다음 해 취리히 공과 대학에 당당히 합격했고, 평소 관심 있는 분야를 마음껏 공부할 수 있었지.

사고 실험의 개척자

아인슈타인이 상대성 이론을 발표하고 유명해지자 사람들은 그에게 자주 물었어.

"뛰어난 물리학자가 된 비결이 무엇인가요?"

"어른들은 시간이나 공간에 대해 고민하지 않아요. 그런 생각은 어릴 때 이미 다 했다고 생각하니까요. 하지만 나는 성장 발달이 느렸기 때문에 어른이 되어서야 비로소 시간과 공간에 대해 깊이 파고들 수 있었지요."

아인슈타인의 말처럼 그는 깊이 생각하는 것을 좋아했어. 특히 시간이나 공간처럼 눈에 보이지 않는 문제에 대해 머릿속으로 여러 가지 상황을 그려 보며 이론을 다듬어 갔어. 이 일에는 대부분 복잡한 수학 계산 과정이 뒤따랐지.

이렇게 머릿속으로 어떤 사실을 가정하고, 정말 실험을 하는 것처럼 상상하며 결과를 이끌어 내는 것을 '사고 실험'이라고 해. 머릿속으로 하는 실험이란 뜻이지. 사고 실험은 실제 실험으로는 실현될 수 없기 때문에 이론적으로 가능한 범위에서 이상적인 과정을 생각함으로써 중요한 결론을 이끌어 낼 수 있어.

아인슈타인은 우주에 나가 본 적이 한 번도 없었어. 하지만 사고 실험을 통해 중력이 작용하면 공간이 구부러지고, 구부러진 공간에서 흐르는 시간이 더 느리다는 것을 수학 계산으로 증명해 냈지. 그리고 이를 통해 우주라는 공간이 언제 어떻게 시작되었는지를 추측하고 이를 수학 계산으로 알아보는 길을 열었어.

시간을 사냥한 천재

아인슈타인이 머릿속으로 한 가장 큰 실험은 기차에 대한 것이었어. 독일, 이탈리아, 스위스를 기차로 오가며 자란 아인슈타인에게 기차는 좋은 관찰 대상이었을 거야.

아인슈타인은 한쪽 벽이 전부 유리로 되어 안을 훤히 들여다볼 수 있게 제작된 기차를 밖에서 관찰한다고 상상했어. 기차 안에서 소년이 자리에서 일어나 야구공을 떨어뜨린다고 가정해 봐. 소년이 보기에 야구공은 즉시 바닥으로 툭 떨어질 거야. 그런데 기차 밖에 있는 아인슈타인에게 야구공이 떨어지는 모습은 어떻게 보일까? 소년이 본 것과는 조금 다를 거야.

관찰자의 위치에 따라 다르게 보여

이런 현상은 워낙 순식간에 일어나는 일이라 우리가 그 차이를 알아차리기는 어려워. 하지만 머릿속으로 상상하면 눈으로 보기 어려운 작은 변화까지 자세히 그려 볼 수 있지. 이런 경우에는 사고 실험이 실제 실험보다 더 많은 도움이 돼.

아인슈타인이 보는 야구공은 바닥을 향해 똑바로 떨어지지 않았어. 물론 소년이 본 것과 같은 위치에 야구공이 떨어진 것은 사실이야. 하지만 아인슈타인의 눈에는 야구공이 열차가 달리는 방향으로 포물선을 그리며 떨어지는 것처럼 보였을 거야. 왜냐하면 기차가 계속 달리고 있기 때문이지.

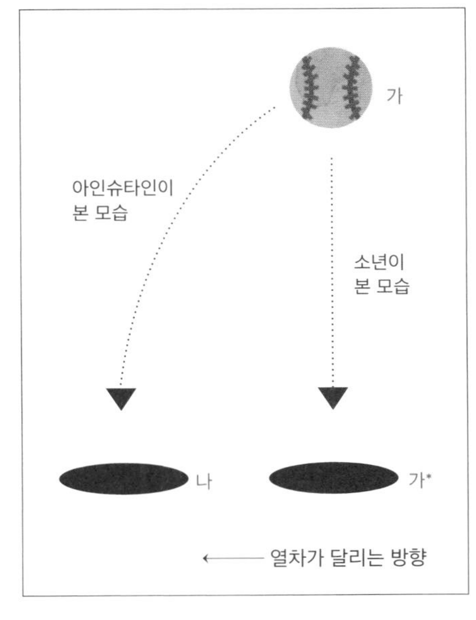

아인슈타인의 사고 실험

기차에 탄 소년에게는 기차 바닥이 항상 정지해 있는 것으로 보여. 우리가 버스를 타고 어디론가 가고 있을 때를 생각해 봐. 버스는 움직여도 버스 바닥은 항상 정지해 있는 것처럼 보이지. 그 이유는 버스에 탄 우리도 버스와 같은 속도와 방향으로 움직이고 있기 때문이야.

하지만 기차 밖에 있는 아인슈타인의 눈에는 그렇지 않아. 기차가 달리면 기차 바닥도 기차와 함께 나아가는 것으로 보여. 소년이 공을 바닥으로 던졌을 때 아인슈타인의 눈앞에 기차가 있었다면, 공이 바닥에 닿을 때 기차는 앞쪽으로 좀 달려 나간 상태야.

앞의 그림을 잘 봐. 기차에 탄 소년의 눈에는 야구공이 위에서 아래로(가 → 가*) 직선 운동을 하는 것으로 보여. 하지만 아인슈타인의 눈에는 야구공이 포물선을 그린 모양(가 → 나)으로 떨어지지.

물론 기차 바닥의 '가*'와 '나'는 같은 위치이지만 떨어지는 과정이 다르게 보이는 거야.

이처럼 같은 곳을 출발해 같은 곳으로 이동하는 운동이라도 관찰하는 사람의 위치에 따라 그 과정이 달라져.

너의 시간과 나의 시간은 달라

빛은 어떤 위치에서 관찰해도 1초에 30만 킬로미터를 움직여. 앞에서 예로 든 아인슈타인의 사고 실험에서 소년이 공 대신 손전등으로 빛을 비추었다고 생각해 봐. 빛이 손전등을 떠나 기차 바닥에 닿을 때까지 1초가 걸렸다고 가정해 볼게. (빛은 훨씬 더 빨리 움직이지만 계산하기 쉽도록 1초라고 가정한 거야.) 그런데 아인슈타인의 눈에 이 빛은 손전등에서 바닥으로 곧바로 떨어지지 않고 비스듬히 앞으로 나아간 것처럼 보여. 그사이에 기차가 앞으로 나아갔기 때문이야. 즉, 아인슈타인이 관찰한 빛은 소년이 관찰한 빛보다 더 먼 거리를 간 것이 되지. 그리고 빛이 기차 바닥에 닿았을 때 걸린 시간은 1초보다 길어져. 손전등을 떠난 빛이 기차 바닥의 한 지점에 닿는 같은 사건을 경험하는 동안 아인슈타인은 소년보다 몇 초를 더 산 게 되는 거지.

이처럼 관찰자의 위치에 따라 시간의 흐름은 달라. 결국 아인슈타인은 빛의 속도에 가까워질수록 시간은 느리게 흐른다고 결론 내렸어. 시간은 누구에게나 똑같은 빠르기로 흐른다고 생각했던 사람들로서는 아인슈타인의 주장을 이해할 수 없었지.

예를 들어 빛의 속도에 가까울 정도로 빠르게 날아가는 우주선을 타고 열 살짜리 소년이 우주여행을 떠났다고 상상해 봐. 여행한 지 1년이 지난 어느 날 지구에 있는 친구들이 어떻게 지내고 있을지 궁금해 영상통화를 한다면 어떻게 될까? 아마 소년은 깜짝 놀랄 거야. 자신은 이제 막 한 살을 더 먹었을 뿐인데, 지구에 있는 친구들은 스무 살이 넘은 청년이 되어 있을 테니까. 소년의 시간과 친구들의 시간이 다르게 흐른 거지.

하지만 정지해 있는 사람과 빠른 속도로 움직이는 사람에게 시간이 각각 다른 빠르기로 흐른다는 것을 직접 실험으로 보여 주기는 어려워. 빛에 가까운 속도를 내는 우주선을 만들거나 그런 우주선과 영상 통화를 할 정도로는 과학이 아직 발전하지 않았으니까. 그럼에도 아인슈타인은 이 사실을 수학 계산으로 증명했고, 여기에 '특수 상대성 이론'이라는 이름을 붙였단다. 특수 상대성 이론을 간단히 말하면, 빛의 속도에 가까워질수록 시간은 느리게 흐른다는 거야.

우주 공간을 구부리는 힘

아인슈타인은 시간에 대해 또 다른 중요한 사실을 증명했어. 중력이 강한 물체 주변에서는 시간이 느리게 흐른다는 것이지. 아인슈타인은

강한 중력이 있으면 주변 공간이 구부러지기 때문에 이런 현상이 생긴다고 보았어.

구부러진 공간을 지나갈 때는 빛도 구부러져. 그런데 관찰하는 사람에게는 구부러진 공간을 지나온 빛이나 직선으로 온 빛이 동시에 보이게 돼.

구부러진 공간으로 더 먼 거리를 달려온 빛이 관찰자의 눈에 늦게 도착하지 않은 이유는 뭘까? 더 빨리 달려왔기 때문이 아니야. 빛의 속도는 언제 어디서나 같거든. 그렇다면 구부러진 공간에서는 시간이 더

느리게 흐른다고밖에 볼 수 없어.

이렇게 사람들은 도저히 상상할 수도 없고 이해하기도 어려운 사실을 발견해 낸 아인슈타인은 정말 천재였어. 우주란 일정한 빛의 속도를 지키기 위해 시간과 공간이 늘어났다 줄어들었다 하면서 뒤틀려 있는 곳이라는 것을 꿰뚫어 본 최초의 사람이지. 그렇다면 뒤틀린 우주에 사는 우리가 어떻게 지금처럼 멀쩡한 모습을 유지하며 지낼 수 있을까? 그것은 어마어마한 크기의 우주 안에서 우리는 먼지 하나보다 작은 존재이기 때문에 그렇게 큰 움직임을 직접 느끼지 못하는 거야.

아인슈타인은 자신이 새롭게 발견한 사실에 '일반 상대성 이론'이란 이름을 붙였어. 하지만 사람들은 처음에 이 낯선 이론을 믿지 않았어. 정확한 수학 계산으로 증명까지 해보였지만, 이해하기가 너무 어려웠거든. 중력에 따라 주변 공간이 휘고, 시간의 빠르기도 달라진다는 것을 눈으로 볼 수 있다면 쉽게 믿었을 텐데 말이야.

에딩턴

별빛이 휘는 사진

놀랍게도 영국의 천문학자 에딩턴은 아인슈타인의 이론을 정확히 이해했어. 그래서 사람들이 이해하기 쉽도록 계산이 아닌 관측 결과로 상대성 이론을 증명하겠다고 마음먹었지. 가장 좋은 방법은 태양 주변을 지나 지구로 오는 별빛을 관찰하는 것이었어. 만일 상대성 이론이 맞다면, 태양의 주변 공간이 구부러질 테니까. 태양은 큰 별이라 그만큼 다른 물체나 주변 공간을 끌어들이는 중력도 크기 때문이지. 그러면 이 옆을 지나는 별빛도 구부러지겠지? 구부러진 호스를 통해 물이 나올 때 물길이 호스를 따라 휘는 것처럼 말이야.

에딩턴은 1919년 5월 29일 아프리카의 프린시페 섬에서 일식이 일어나길 기다렸어. 일식은 태양의 일부나 전부가 달에 가려지는 현상이야. 평소에는 태양이 내보내는 환한 빛 때문에 태양 주변을 관측할 수 없었지만 일식이 시작되고 하늘이 어두워지면 태양 주변에서 별빛이 보이거든. 환한 대낮에 손전등을 켜면 햇빛 때문에 빛이 잘 보이지 않지만, 어두운 밤에는 전등 빛이 잘 보이는 것과 마찬가지야.

에딩턴이 찍은 관측 사진

에딩턴은 일식을 이용해 태양 주변을 지나는 별빛을 찍는 데 성공했어. 별의 위치가 태양이 없는 밤에 찍은 사진과 달랐지. 태양 주변의 공간이 구부러지자 그곳을 지나는 별빛도 구부러져 마치 다른 위치에 있는 것처럼 보인 거야. 이 증명을

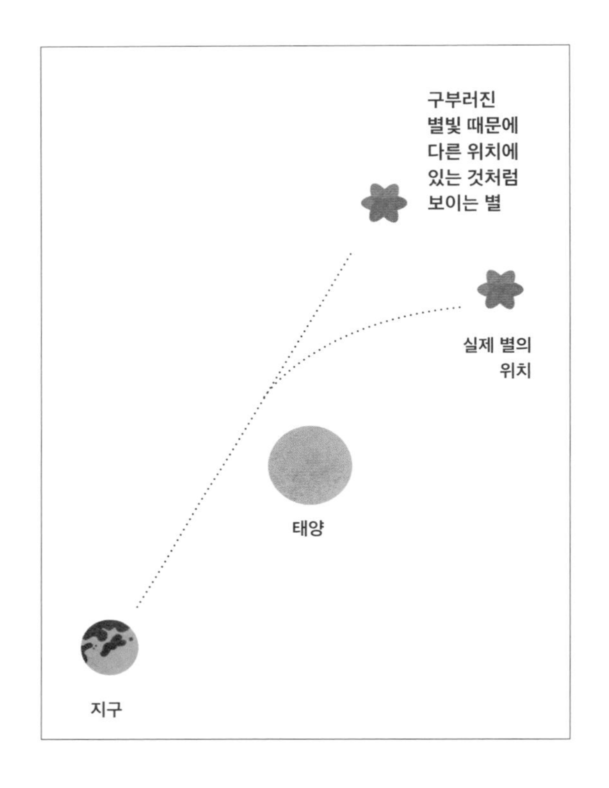

계기로 사람들은 중력이 큰 물체가 있으면, 주변 공간이 휜다는 것을 인정하게 되었어. 또 아인슈타인의 '상대성 이론'은 세상에 널리 알려지게 되었지.

상대성 이론과 우주

아인슈타인의 상대성 이론 덕분에 인류는 원자폭탄을 만들고 원자력 발전을 할 수 있게 되었어. 상대성 이론은 과학 외에도 산업의 여러 분야에 응용되면서 우리 생활을 크게 바꾸었지. 우리가 흔히 사용하는 휴대 전화나 자동차 내비게이션이 좋은 예야. 사용자의 위치를 추적할 때는 인공위성으로부터 필요한 정보를 받아야 해. 이때 정확한 시간 정보를 받으려면 상대성 이론의 공식에 따라 인공위성이 보낸 정보를 다시 계산해야 하지. 인공위성이 떠 있는 하늘 높은 곳은 지상보다 중력이 약해 시간이 조금 더 빨리 흘러가기 때문이야.

처음 상대성 이론이 발표되었을 때는 우주를 수학 공식으로 나타낼

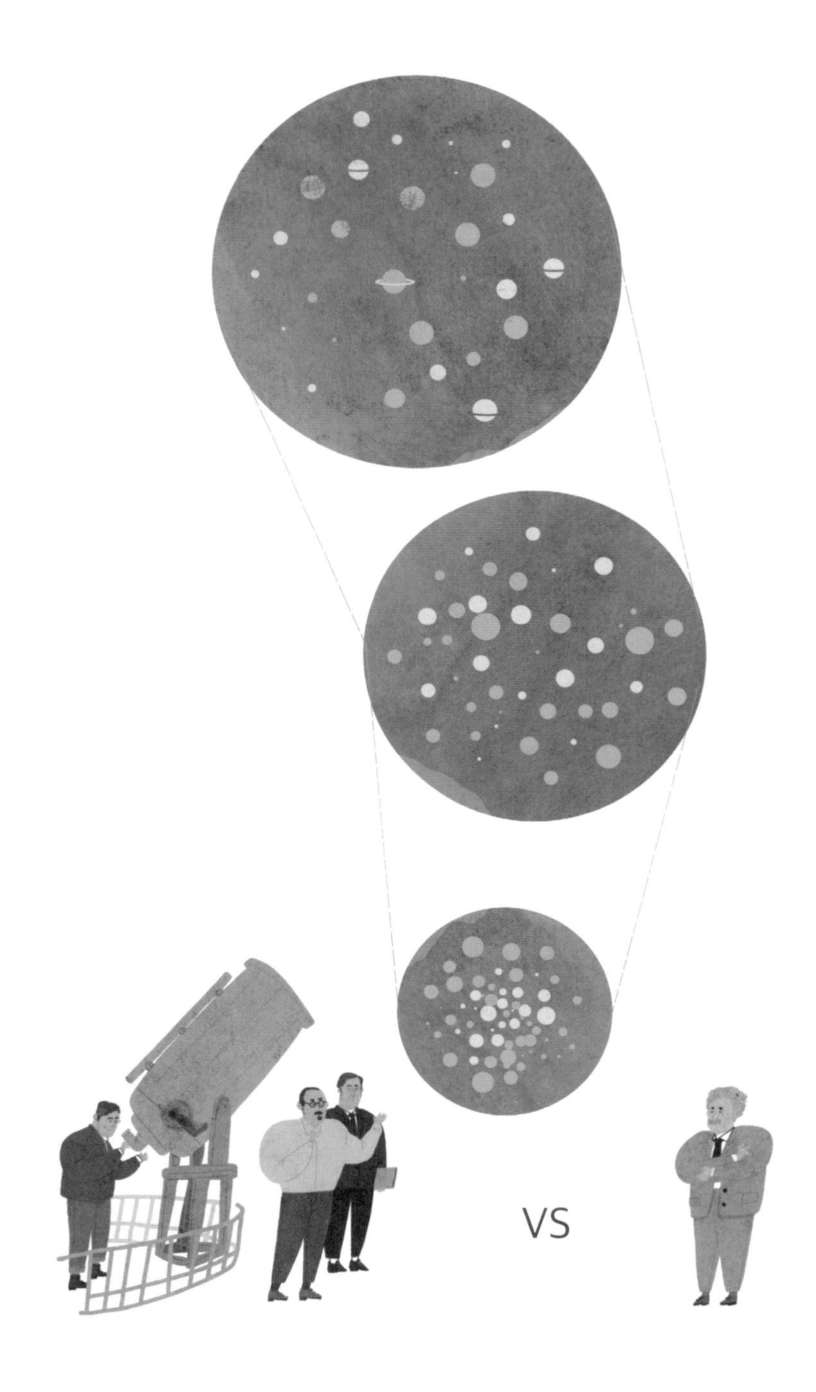
VS

프리드만

수 있다는 것만으로도 큰 놀라움을 안겨 주었어. 수학자와 과학자들은 상대성 이론의 공식을 다시 풀어 보면서 우주에 대해 알아내려 했어. 우주의 구조와 나이를 체계적으로 연구하는 학문은 이때부터 시작되었다고 볼 수 있지.

러시아의 물리학자이자 수학자인 프리드만도 상대성 이론을 열심히 연구한 사람이야. 그는 상대성 이론을 바탕으로 '프리드만 방정식'을 만들었지. 그런데 이 방정식은 놀라운 사실을 설명하고 있었어. 첫 번째는 중력이 우주 공간을 구부리는 것보다 더 엄청난 일을 할 수 있는 힘이라는 것이었고, 두 번째는 이 힘 때문에 우주 전체가 고무풍선처럼 부풀어 오르거나 하나의 점으로 쪼그라들 수도 있다는 거야.

아인슈타인도 프리드만의 계산 결과에 놀랐지만, 그 주장을 쉽게 받아들이지는 못했어. 시간과 공간이 다르게 측정될 수는 있지만, 우주의 크기 자체가 변한다는 것은 말도 안 된다고 생각했거든. 하지만 또 다른 과학자가 아인슈타인의 생각에 도전장을 내밀었어. 바로 벨기에의 신부였던 르메트르야. 르메트르는 아인슈타인의 상대성 이론을 다시 계산해 본 뒤, 우주가 점점 부풀어 오르고 있다는 것을 발견했어.

우주가 점점 부풀어 오른다는 '우주 팽창설'은 사람들에게 코페르니쿠스의 지동설만큼이나 큰 충격을 주었어. 코페르니쿠스가 살았던 시대처럼 이번에도 사람들은 대부분 우주 팽창설을 믿으려 하지 않았지. 심지어 상대성 이론을 만들어 우주에 대해 새로운 눈을 뜨게 해 주었던 아인슈타인조차 믿지 않았으니까 말이야.

상대성 이론과 원자 폭탄

아인슈타인의 상대성 이론에 나오는 물리학 공식은 아주아주 유명해. 과학을 좋아하는 친구들은 책에서 한 번쯤 봤을 거야.

$$E = mc^2$$

E는 에너지, m은 질량, c는 빛의 속도야. 물질의 질량(m)이 클수록 더 많은 에너지(E)로 바뀔 수 있다는 뜻을 가진 공식이지. 곱하기 기호가 없어서 헷갈릴 테니 풀어 써 볼게.

$$E = m \times (c \times c)$$

보통 에너지는 전기나 열을 이용해 얻는 것이라고 생각해. 하지만 아인슈타인은 그냥 물질만 있어도 에너지를 얻을 수 있다는 사실을 알려 주었어. 즉, 에너지는 물질로 바뀌고, 물질은 에너지로 바뀔 수 있어.

제2차 세계 대전 중에 미국 과학자들은 우라늄이라는 원소에 일정한 자극을 주면 두 개의 다른 물질로 바뀐다는 사실을 알아냈어. 그런데 이 두 물질의 질량을 합해도 원래 우라늄의 질량에는 미치지 못했어. 일부가 어디론가 사라져 버린 거야. 그때 과학자들은 아인슈타인의 상대성 이론을 떠올렸지. 그리고 사라져 버린 물질의 질량이 에너지로 바뀌었을 것이라고 추측했어. 결국 $E = mc^2$이라는 공식을 바탕으로 사라진 질량이 그것에 빛의 속도를 두 번이나 곱한 것만큼 큰 에너지로 바뀌었다는 사실을 깨달았어.

더욱 놀라운 것은 우라늄의 특성이었어. 우라늄은 두 개의 다른 물질로 쪼개지면서 주변에 있는 다른 우라늄들을 자극해서 연달아 쪼개지도록 만든다는 거야. 이렇게 수많은 우라늄 알갱이들이 서로를 계속 자극하면서 쪼개지면 순식간에 폭발적인 에너지가 발생하게 되지.

미국 과학자들은 이 원리를 이용해 폭발력이 엄청나게 큰 원자 폭탄을 개발했어. 그리고 1945년 일본 히로시마와 나가사키에 이 폭탄을 떨어뜨렸지. 그 결과 연합군은 제2차 세계 대전에서 승리했지만, 일본에서는 20만 명이 넘는 사람들이 피폭되거나 목숨을 잃었어.

히로시마에 떨어진 원자 폭탄

3장

우주는 처음에 어떤 모습이었을까?

탄광 기술자가 될 뻔했던 과학자

르메트르는 1894년 벨기에의 샤를루아란 도시에서 태어났어. 샤를루아는 철강과 유리 공장이 많은 공업 도시야.

르메트르의 부모님은 독실한 가톨릭 신자였어. 그래서 아들이 열 살이 되자 수도원에 딸린 학교에 입학시켰지. 르메트르가 좋아했던 과목은 수학, 물리, 화학이었는데, 특히 수학에서는 누구도 따라올 사람이 없을 정도로 실력이 뛰어났어. 하지만 르메트르가 대학에 입학할 때 선택한 전공은 공학이었어. 그때 르메트르는 공대에 진학해 기술자가 되어 돈을 벌어야 했어. 아버지가 운영하는 유리 공장에 큰 불이 나 모든 게 잿더미로 변했거든.

르메트르의 아버지도 뛰어난 기술자였어. 그가 개발한 유리 세공 기술은 지금도 많은 공장에서 쓰이고 있을 정도야. 르메트르는 아버지처럼 뛰어난 기술자가 되는 것도 좋겠다 싶었어. 그리고 이왕이면 탄광 기술자가 되어 당시 한창 발전 중인 광산업 분야에서 일하면서 돈도 많이 벌어야겠다고 생각했지.

전쟁이 바꾸어 놓은 꿈

1914년에 제1차 세계 대전이 일어났어. 벨기에도 전쟁에 휘말렸지. 독일군이 쳐들어오자 벨기에 청년들은 자진해서 전쟁터로 나갔어. 르메트르도 그런 용감한 청년들 중 한 명이었지.

르메트르는 4년 동안 전투를 치르면서 수많은 죽음을 보았어. 그때마다 너무 무서웠고, 전쟁을 일으킨 사람들에게 화가 났지. 고통스러운 그 시간을 견딜 수 있게 해 준 것은 두 가지였어. 신앙과 공부였지. 르메트르는 혼자 있는 시간에 기도를 하거나 수학과 물리학 연구에 집중하며 두려움과 슬픔을 잊었어.

전쟁이 끝나고 르메트르는 학교로 돌아왔어. 그러나 훌륭한 기술자가 되어 성공하

고 싶었던 꿈은 더 이상 남아 있지 않았어. 전쟁터에서 목격한 수많은 죽음이 그의 생각을 바꾸어 놓았던 거야. 한 번밖에 살 수 없는 인생이라면, 정말 원하는 것을 해야겠다고 생각하게 되었지. 르메트르는 대학원에 진학해 좋아하는 물리학과 수학을 더 공부해 보기로 했어.

르메트르가 포병 부대에 있었을 때의 일이야. 상관을 크게 화나게 만든 일이 있었어. 르메트르가 대포알이 날아가는 방향과 거리가 잘못 계산되었다고 상관에게 지적을 했거든. 그러자 상관은 잘못을 바로잡기는커녕 자신의 권위에 도전했다는 이유로 벌을 주었어. 그래도 르메

르메트르

트르는 뜻을 굽히지 않았어. 어떤 상황에서도 틀린 것은 틀리다고 말할 수 있어야 한다고 생각했거든.

르메트르는 나중에 아인슈타인의 이론에서 틀린 점을 찾아냈을 때에도 조금도 주저하지 않았어. 많은 사람들이 아인슈타인의 이론을 지지하며 그를 뛰어난 천재라 칭송할 때 혼자 반대 의견을 내놓았지.

물론 처음에는 아인슈타인도 르메트르의 의견을 받아들이지 않았어. 그래도 르메트르는 포기하지 않고 자신의 연구를 계속했지. 그리고 이 과정에서 우주의 시작을 다루는 빅뱅 이론이 자리를 잡게 돼.

위대한 스승들

르메트르는 1923년에 영국으로 건너갔어. 수학과 물리학 박사 학위까지 받았지만, 케임브리지 대학의 아서 에딩턴 교수에게 더 배울 것이 있다고 생각했기 때문이야. 에딩턴은 당시 잘 알려지지 않았던 아인슈타인의 상대성 이론을 최초로 이해한 사람들 중 한 명이었고, 앞에서 말한 것처럼 태양 근처에서 별빛이 휘는 현상을 관측해 상대성 이론을 증명한 것으로도 유명한 인물이었어.

에딩턴은 르메트르를 아주 마음에 들어 했어. 이론을 공부하면서도 그것을 실험으로 증명하기 위해 애쓰는 태도가 마음에 들었던 거야. 그래서 미국의 하버드 대학으로 건너가 더 많은 공부를 할 수 있게 추천해 주었지. 에딩턴은 동료였던 벨기에의 물리학자 테오필드 돈더에게 편지를 보냈어.

"르메트르는 머리가 좋고 수학적 재능이 뛰어난 학생이네. 앞으로 벨기에의 미래를 짊어질 큰 인물이 될 것이니 잘 가르쳐 주게."

에딩턴 덕분에 하버드 대학으로 간 르메트르는 세계에서 가장 성능이 좋은 망원경을 가진 하버드 천문대에서 연구할 수 있게 되었어.

이 천문대의 책임자는 할로 섀플리였어. 섀플리는 별들을 관찰해 우

하버드 천문대

리은하 안에서 태양계의 위치를 알아냈어. 그때까지 사람들은 우리은하, 즉 은하수는 태양계와는 거리가 먼 다른 별 무리라고 생각했어. 하지만 섀플리는 이 생각이 잘못되었다는 것을 밝혀냈어. 태양계는 우리은하의 한쪽 귀퉁이에 있었어. 섀플리는 르메트르에게 세페이드 변광성이라는 별에 대해 연구하도록 권했어.

변광성이란 일정한 간격을 두고 밝아졌다 어두워지는 것을 되풀이하는 불안한 별이야. 별은 자신이 가진 연료를 태우며 빛을 내는데 변광성은 나이를 많이 먹은 별이라 연료도 별로 없고 힘도 약하거든. 그래서 타오르다 힘을 잃고 꺼질 듯하다가 다시 타오르곤 하는 별이야. 사람들은 이 모습을 보고 밝기가 주기적으로 변하는 별이라고 생각했지. 이 별은 아주 멀리 있는 별의 거리를 알아내는 데 기준이 되는 중요한 별이란다.

부풀어 오르는 우주

르메트르가 하버드 천문대에서 변광성을 관찰하고 있는 동안에도 천문학 분야에서는 여러 발견이 이어지고 있었어. 미국의 천문학자 에드윈 허블은 세페이드 변광성을 이용해 안드로메다은하까지의 거리를 알아내는 중이었지. 허블의 관측에 따르면, 안드로메다은하는 우리은하로부터 아주 멀리 떨어진 또 다른 은하였어. 그때까지 사람들은 우리은하가 우주 전체라고 믿었기 때문에 매우 놀라워했지. 게다가 허블은 모든 별과 은하들이 엄청난 속도로 서로에게서 멀어지고 있다고 주장해 사람들에게 더욱 충격을 안겨 주었어.

분광기를 통해 별빛을 자세히 분석해 보면 일곱 빛깔 무지개 색 띠로 나뉘게 돼. 그리고 그 위에 별의 성분을 나타내는 검은 선이 일정한 간격으로 나타나. 빛을 내는 천체가 관측자로부터 멀어지는 경우,

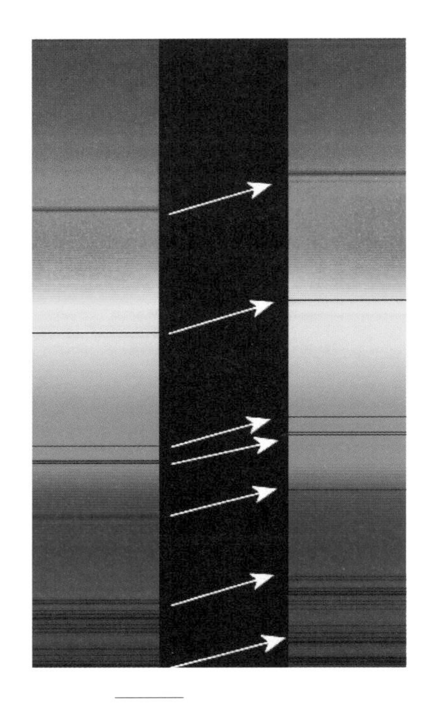

검은 선들이 붉은색 쪽으로 몰려 나타나는 적색 편이

빛의 파장이 길어지게 돼. 옆의 사진에서 왼쪽은 태양 광선의 스펙트럼이고, 오른쪽은 우리로부터 멀어져 가고 있는 은하에서 나온 별빛의 스펙트럼이야. 화살표가 나타내는 것처럼 스펙트럼의 검은 흡수선이 긴 파장(붉은색) 쪽으로 치우쳐 있어. 이것을 적색 편이 현상이라고 해. 달려가는 구급차가 멀어질수록 '삐뽀, 삐뽀' 하는 사이렌 소리가 '삐이뽀, 삐이뽀' 하고 간격이 길어지면서 작아지는 것처럼 빛도 관찰하는 사람에게서 멀어져 갈수록 에너지가 커졌다 작아졌다 하는 간격이 길어져. 이 간격이 가장 긴 것이 빛을 이루는 일곱 색깔 중 붉은색이야. 그래서 멀어지는 빛일수록 점점 더 붉은색에 가까워 보이는 거야.

르메트르는 많은 관측을 통해 별과 은하들이 서로 멀어지고 있다고 생각했어. 그리고 그동안 자신이 관측한 자료를 가지고 1925년 허블을 만나기 위해 윌슨산 천문대를 찾아갔지. 르메트르는 그곳에서 허블의 지도를 받으며 많은 자료를 살펴보다가 먼 은하일수록 더 빠른 속도로 멀어져 간다는 것을 확신하게 되었어.

풍선 우주

은하들이 서로 멀어지고 있다는 것을 르메트르나 허블보다 먼저 예측한 물리학자가 있었어. 바로 러시아의 프리드만이야. 프리드만은 앞에서도 잠깐 이야기했듯이 우주가 점점 부풀어 오르고 있다는 주장을 한 사람이지.

수학에 뛰어났던 프리드만은 이 사실을 계산으로만 증명해 냈어. 하지만 안타깝게도 이것을 뒷받침해 줄 관측 자료를 갖추기도 전에 세상을 떠나고 말았지. 프리드만이 남긴 논문에는 이런 글이 나와.

"우주는 밀도가 아주 높은 상태에서 시작되었지만, 점점 부풀어 오르면서 밀도가 낮아졌다."

한편, 르메트르도 우주의 비밀을 풀기 위해 아인슈타인의 상대성 이론을 다시 계산해 보았어. 그리고 프리드만과 비슷한 결론을 내렸지. 우주는 부풀어 오르고 있는 게 틀림없었어. 르메트르는 허블의 관측 자료를 꼼꼼히 검토한 뒤에 은하들이 서로 멀어져 가는 이유는, 우주가 부풀어 오르기 때문이라고 확신하게 되었어.

르메트르의 생각을 이해하기 위해서는 우주가 풍선 모양이라고 상상해 보면 돼. 풍선에 수많은 점들을 찍어 놓고 힘껏 불어 봐. 풍선이 부풀어 오를수록 점들은 사이가 멀어지지. 우주가 풍선처럼 부풀어 오르니까 별과 은하들도 풍선 위의 점처럼 서로 멀어지는 거야.

르메트르는 여기서 더 나아가 점들은 서로 멀리 있을수록 멀어지는 속도도 더 빨라진다는 사실까지 알아냈어. 예를 들어 풍선 위 점들의 간격이 처음에는 2센티미터였는데, 풍선이 부풀어 올라 4센티미터가 되었다고 상상해 봐. 풍선의 크기는 두 배 커진 거야. 만일 원래 점들의 간격이 4센티미터였다면, 풍선이 두 배로 부풀어 오른 뒤에는 8센티미터가 되었을 거야. 같은 시간 동안 한쪽은 2센티미터만 늘어난 반면에, 다른 쪽은 4센티미터가 늘어났어. 이처럼 풍선이 부풀어 오르면 두 점이 멀리 있을수록 더 빨리 멀어져 간다는 것을 알 수 있어.

우주에서도 마찬가지야. 우주가 풍선처럼 부풀어 오르는 동안 멀리 있는 은하들일수록 멀어지는 속도가 더 빨라져. 이것이 바로 유명한 '허블의 법칙'이야.

허블의 법칙에 대한 소식을 들은 르메트르는 영국에 있는 에딩턴에게 편지를 보냈어.

"선생님, 제가 2년 전 보내 드린 논문을 다시 살펴봐 주세요. 저는 그 논문에서 은하들이 서로 멀어져 가고 있다는 사실을 계산으로 증명했습니다. 멀어져 가는 속도도 계산해 놓았습니다."

에딩턴은 그제야 서랍에 넣어 두었던 제자의 논문을 꺼내 읽어 보았어. 그 논문에서는 허블보다 2년이나 앞서 '허블의 법칙'을 설명하고 있었지. 에딩턴은 제자의 논문을 제대로 읽어 보지도 않고 서랍에 넣어 두었던 것을 크게 후회했어. 허블의 법칙이 아니라 르메트르의 법칙이 될 수도 있었는데 말이야.

어제가 없는 오늘

르메트르와 허블이 우주가 부풀어 오르고 있다는 사실

선생님
제가 2년
전 보내드린
논문을 봐주세요

을 증명했지만, 아직도 풀어야 할 수수께끼는 많았어. 르메트르는 우주가 부풀어 오르기 전 맨 처음에 어떤 모습이었을지 생각해 보았어. 부풀어 오르는 과정을 거꾸로 거슬러 올라가면 우주는 점점 작아질 거야.

르메트르는 이 상태를 '원시 원자'라고 불렀어. 그리고 원시 원자는 우주의 모든 질량이 하나로 뭉쳐진 차가운 덩어리라고 주장했어. 르메트르는 이 덩어리를 '우주 알'이라고도 즐겨 불렀고, 이 알이 한순간 크게 폭발하면서 우주가 생겨났다고 보았지.

르메트르는 1931년 과학 잡지 《네이처》에 보낸 글에서 "우주는 시간과 공간이 생기기 조금 전에 시작되었다."라고 썼어. 또 시간과 공간이 생겨난 그 순간 '어제가 없는 오늘'이 시작되었다고 했지. 우주가 생겨나기 전에는 어제가 있을 시공간이 없었고, 빅뱅과 함께 우주가 생겨난 순간이 최초의 오늘이란 뜻이야.

르메트르는 원시 원자에 모인 우주의 모든 에너지가 어느 순간 스스로의 힘을 이기지 못하고 폭발하듯 부풀어 올랐다고 보았어. 그리고 동시에 시공간이 생기면서 엄청나게 많은 원자들도 생겨났고, 이 원자들이 뭉치면서 별이 되었다고 생각했지.

1933년 르메트르는 미국 페서디나에서 열린 학회에 참석했어. 아인슈타인을 비롯한 여러 과학자 앞에서 '원시 원자라는 작은 덩어리가 크게 폭발하면서 우주가 생겨났다'는 이론을 발표하기 위해서였지. 발표가 끝나자 아인슈타인은 크게 칭찬했어.

"내가 지금까지 들어 본 것 중 가장 아름답고 납득이 잘 되는 이론입니다!"

물론 르메트르가 '빅뱅(대폭발)'이란 말을 직접 사용하지는 않았어. 하지만 우주가 큰 폭발과 함께 시작되었다는 주장을 권위 있는 과학자들 앞에서 가장 처음 공식적으로 발표했기 때문에 그의 이론을 '빅뱅 우주론'의 출발점으로 보고 있어.

빅뱅과 블랙홀

앞에서도 이야기했지만 르메트르보다 먼저 우주가 부풀어 오르고 있다고 주장했던 사람은 프리드만이야. 지금부터는 프리드만의 뛰어난 제자였던 가모프에 대해 알아볼게.

우크라이나에서 태어난 가모프는 청년 시절 레닌그라드 대학에서 프리드만에게 물리학을 배웠어. 그 뒤 미국으로 건너가 연구를 계속하다가 르메트르의 빅뱅 우주론을 만나게 되었지. 르메트르는 원시 원자가 차가운 상태라고 했지만, 가모프의 생각은 달랐어. 아주 뜨거운 상태여야 수소 같은 원소들이 서로 반응해 새로운 물질을 만들 수 있기 때문이야.

가모프는 자신의 연구 결과를 좀 더 다듬은 뒤에 초기 우주는 온도와 밀도가 아주 높은 상태에서 갑자기 폭발하듯 부풀어 올랐다고 주장했어. 우주가 생겨난 직후 1초가 흘렀을 때의 온도가 100억 도 정도였고, 이때 생긴 수소와 헬륨이 우주를 이루는 물질의 기초가 되었다고 생각했어.

아기 우주의 흔적을 찾아

우주가 큰 폭발로 시작되었다면 그 흔적을 찾을 수는 없을까? 가모프의 제자이자 미국의 물리학자인 앨퍼와 허먼은 스승의 가르침에 따라 초기 우주가 남긴 흔적을 찾으려 노력 중이었어. 르메트르의 이론대로라면 우주는 대폭발 후 지금까지 계속 부풀고 있기 때문에 처음 폭발할 때의 빛이 희미하게라도 우주 전체에 남아 있어야 하거든. 즉, 우주가 갓난아이였을 때의 흔적을 발견할 수 있다는 말이야. 앨퍼와 허먼은 이렇게 흔적으로 남은 빛의 온도는 영하 268도일 것이라고 예측했어. 그리고 이것을 '우주 배경 복사'라고 불렀지.

최초로 우주 배경 복사를 찾아낸 사람은 미국 물리학자인 아노 펜지어스와 로버트 윌슨이야. 1964년 어느 날 이들이 설치한 탐지기에 지지직거리는 소음이 잡혔어. 처음에는 단순한 잡음이거나 기계 고장인 줄 알고 고쳐 보려고 애썼어. 잡음이 사라지지 않자 급기야는 안테나에 쌓인 비둘기 똥까지 치웠다고 해. 하지만 아무리 노력해도 이 잡음은 사라지지 않았어. 왜냐하면 이것은 우주가 처음 폭발할 때 퍼져 나와 지금까지도 남아 있는 우주 배경 복사였기 때문이야. 우주가 태어날 때 우렁차게 터진 울음소리가 138억 년이 지난 지금까지 남아서 희

미하게 들린다고 보면 돼. 혹은 138억 년 전 빅뱅 때 출발한 빛이 지금 지구에 와 닿은 것이라고 보아도 좋아.

텔레비전의 채널을 바꾸다가 화면이 지지직거리는 것을 본 적이 있을 거야. 이 중 일부는 태초의 빛이 안테나에 잡혀 나타난 거야. 우리가 휴대전화 통화를 할 때 들리는 잡음 중에도 138억 년 전 빅뱅 때부터 우주 공간에 퍼져 나온 소음이 섞여 있어. 우주가 사라지지 않는 한 태초의 폭발이 남긴 우주 배경 복사는 계속 남아 있을 거야. 점점 희미해져 가기는 하겠지만.

태초의 빛이 지금도 희미한 소음으로 남아 안테나에 잡힌다는 것은 우주가 한 점에서 폭발해 계속 부풀어 오르고 있다는 증거야(빛이 안테나에 잡혀 소음처럼 들릴 수 있다는 사실은 전자기파에 대해 배우면 알게 돼. 여기서 다루기에는 복잡한 내용이야). 그 결과 이제 대부분의 과학자들은 '빅뱅 이론'을 받아들이게 됐어.

하지만 우주가 한 점에서 폭발해 부풀어 오르고 있다는 생각에 반대하는 사람들이 완전히 사라진 것은 아니었어. 그중에는 태초에 우주가 폭발했다는 주장은 말도 안 되는 억지라고 생각하는 사람들도 있었지. 영국의 물리학자 프레드 호일도 그런 사람들 중 한 명이야. 호일은 한 라디오 방송에 출연해 비웃으며 말했지.

"그렇다면 태초에 우주에 빅뱅이라도 있었다는 건가요?"

바로 이때부터 '빅뱅'이란 말이 널리 쓰이게 되었어. 이처럼 빅뱅은 그 이론에 반대한 사람이 붙여 준 재미있는 이름이야.

블랙홀을 예측하다

우주 배경 복사가 발견되자 우주는 지금도 부풀어 오르고 있다는 사실이 확실해졌어. 이 증명이 이루어지기까지는 처음으로 '빅뱅 이론'의 문을 열었던 르메트르의 공이 컸지. 르메트르는 이외에도 현대 우주 이론에 중요한 도움을 주었어.

후배 과학자들은 그가 아인슈타인의 중력 방정식을 다시 풀어 놓은 것을 보면서 우주 공간에 블랙홀이 있을 것이라고 생각하게 되었어. 블랙홀은 별의 중력이 아주 세질 때 중심으로 모든 것이 빨려들어 가는 구멍이야. 빛조차 이 구멍을 벗어날 수 없어. 그래서 아무것도 보이

아노 펜지어스와 로버트 윌슨의 홀름델 혼 안테나

지 않기 때문에 검은 구멍이라는 뜻으로 '블랙홀'이라고 해.

만일 지구가 블랙홀을 만들 만큼 센 힘을 받게 된다면, 지름 9밀리미터인 공 모양이 될 거야. 지구를 지름 9밀리미터인 작은 공 속에 통째로 밀어 넣을 정도라니, 그 힘이 얼마나 강력한지 상상할 수 있겠지?

르메트르가 아인슈타인의 공식을 풀어 보면서 알아낸 또 다른 사실이 있어. 그것은 바로 우주가 부풀어 오르는 속도야. 그는 우주가 점점 빨리 부풀어 오르고 있으며, 이것은 우주 공간에 퍼져 있는 알 수 없는 힘에 의한 것이라고 예측했어. 현대 과학자들은 이 힘의 정체가 무엇인지 밝혀내고 있는 중이란다.

우주를 부풀리는 암흑 에너지

우주가 점점 빠른 속도로 부풀어 오르고 있다는 사실이 알려지자 사람들은 무척 놀랐어. 그때까지 대부분의 과학자들은 우주가 부풀어 오르는 속도가 줄고 있다고 믿었거든. 하지만 1988년에 애덤 리스와 브라이언 슈밋이 초신성을 관찰하고 내린 결론은 그와 반대였어.

초신성은 수명이 다 되어 사라지기 전에 가장 밝은 빛을 내는 별이야. 나뭇잎이 떨어지기 전에 노랗고 붉은 단풍이 되어 아름다움을 뽐내듯 별도 죽기 전에 자기 몸을 다 태우며 빛을 내거든. 초신성이 폭발하면서 뿜어내는 빛은 엄청나기 때문에 멀리서도 쉽게 관찰할 수 있어. 그래서 이 별을 '우주의 등대'라 부르기도 해.

이는 은하 전체가 내뿜는 빛과 맞먹을 정도로 밝기 때문에 초신성까지의 거리를 측정해 지구로부터 얼마나 빨리 멀어지고 있는지 알 수 있어. 만일 우주가 부풀어 오르고 있는 속도가 빠르다면, 이 속도도 점점 빨라질 테니까. 결과는 뜻밖이었어. 많은 사람들이 우주가 부풀어 오르는 속도가 점점 느려질 것이라고 예상했지만, 사실은 반대였던 거야. 우주는 오븐 속의 빵이 부풀듯 점점 더 빠른 속도로 부푸는 중이야. 그리고 은하와 그 속의 별들은 부풀고 있는 빵 속의 건포도들처럼 서로에게서 점점 더 빨리 멀어져 가고 있지.

애덤 리스와 브라이언 슈밋은 어떻게 이런 일이 생기는지 궁금했어. 우주 안의 수많은 별과 은하들 사이에는 서로를 끌어당기는 중력이 작용하는데, 만일 중력이 지금보다 조금이라도 세면, 은하들 사이의 거리가 점점 가까워져 서로 충돌하게 될 거야. 결국 우주는 부풀어 오르기는커녕 점점 줄어들겠지. 하지만 현재 우주가 점점 더 빠른 속도로 부풀어 오른다는 것은 중력보다 훨씬 센 힘이 반대 방향으로 작용하고 있기 때문이야. 애덤 리스와 브라이언 슈밋은 이 정체를 알 수 없는 힘이 우주를 부풀려 은하들 사이의 거리가 점점 더 빨리 멀어지고 있다고 결론 내렸어.

과학자들은 중력을 거스르는 이 힘을 '암흑 에너지'라 부르기로 했어. 여기서 '암흑'은 '검다'는 뜻이 아니라 '잘 모른다'는 뜻이야. 그냥 '잘 모르는 힘'이라고 해도 되는데, '암흑 에너지'라는 멋진 이름을 붙이다니, 과학자들은 이름 붙이기에 뛰어난 재주가 있는 것 같아. 계산에 따르면, 우주의 74퍼센트가 암흑 에너지로 이루어져 있다고 해.

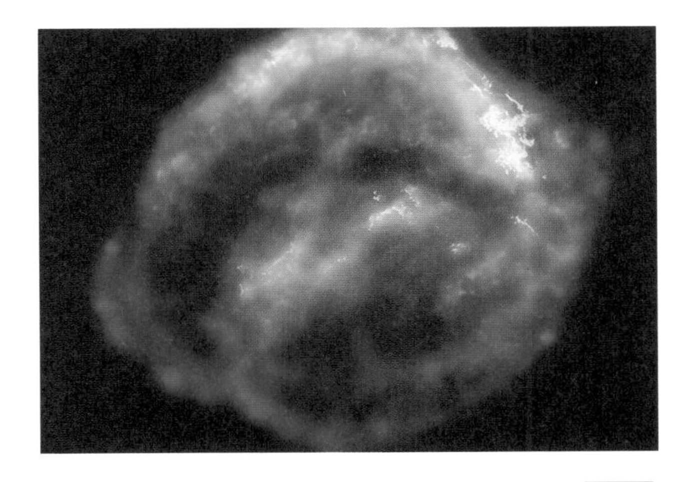

케플러 초신성 SN1604의 잔해

4장

우주는 얼마나 오래전에 시작되었을까?

권투 선수를 꿈꾸던 소년

에드윈 허블은 1889년 미국에서 태어났어. 허블의 할아버지는 천문학에 아주 관심이 많은 사람이었어. 그래서 허블은 어릴 때부터 할아버지에게 밤하늘을 관측하는 법을 배웠고, 천체들의 움직임에 관심을 가지게 되었지. 고등학생이 되자 허블은 행성들을 관찰하며 느낀 점을 지역 신문에 발표했어. 선생님 중 한 분이 그 글을 읽고 허블이 장차 훌륭한 사람이 될 것이라고 칭찬했다고 해. 천문학의 역사를 새롭게 쓸 큰 인물을 알아본 거야.

하지만 어린 시절 허블의 꿈은 권투 선수였어. 강력한 펀치 한 방으로 상대를 쓰러뜨리는 멋진 챔피언 말이야. 허블은 꾸준히 권투 연습을 해서 어느 정도 실력도 쌓았어. 하지만 허블의 부모님은 아들이 변호사가 되기를 원했지.

변호사에서 천문학자로

허블

허블은 부모님의 뜻을 따라 대학에서 법률을 전공하면서 어릴 때부터 관심을 가졌던 천문학 공부도 계속했어. 공부를 아주 열심히 해 장학금을 받고 영국 유학까지 다녀와 마침내 변호사가 되었어. 하지만 시간이 흐를수록 천문학자가 되어 밤하늘을 관찰하고 싶은 마음이 커져만 갔어.

결국 변호사가 된 지 2년도 되지 않아 허블은 다시 천문학 공부를 시작하기로 마음먹었어. 허블은 천문학에서 가장 중요한 것은 정확한 관측이라고 생각했어. 그래서 당시 가장 좋은 망원경이 있는 윌슨산 천문대로 가고 싶었지. 천문학 박사가 된 허블은 1919년 8월 드디어 소망을 이루었어. 윌슨산 천문대의 망원경을 마음껏 들여다볼 수 있게 된 거야. 그런데 이 천문대에는 섀플리가 먼저 와 있었어.

위대한 토론

섀플리는 우주의 크기에 대한 토론으로 유명해진 천문학자야. 섀플리는 우리은하가 우주 전체라고 주장했지만, 커티스라는 천문학자는 우리은하가 수많은 은하들 중 하나일 뿐이라고 주장했어. 두 사람은 모두 당시 최고의 천문학자로서 팽팽하게 맞섰지. 다른 천문학

자들도 두 사람을 중심으로 편을 갈라 격렬한 논쟁을 벌였어. 사람들은 이 일을 천문학 역사에 길이 남을 '위대한 토론'이라 평가하고 있어.

이미 1755년에 철학자 칸트는 색다른 주장을 했어. 멀리 밤하늘에 희미한 구름 모양으로 퍼져 있는 별 무리가 우리은하 밖에 있는 또 다른 은하일 거라고 말이야. 하지만 코페르니쿠스가 처음 지동설을 주장했을 때처럼 사람들은 이 사실을 받아들이지 않았어. 우리은하가 우주 전체라고 믿었기 때문에 또 다른 은하들이 있을 거라고는 상상도 하지 못했거든.

섀플리의 생각도 마찬가지였어. '밤하늘에 구름처럼 보이는 별 무리가 또 다른 은하라고? 도대체 얼마나 멀리 있기에 은하가 저렇게 조그맣게 보인단 말이야?' 섀플리는 안드로메다은하가 밤하늘의 별 무리처럼 보이려면 얼마나 떨어져 있어야 하는지 계산해 보았어. 그 결과 10억 광년*이란 값을 얻었지. 정확한 값은 아니지만, 당시 천문학 수준에서는 상상도 할 수 없는 큰 값이었어. 그는 계산 결과가 터무니없다고 생각하면서 우리은하 외에 다른 은하는 없다고 결론 내렸어.

* **광년** 빛이 초속 30만 킬로미터의 속도로 1년 동안 갈 수 있는 거리

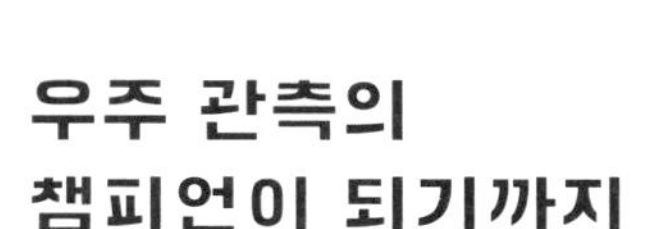

우주 관측의 챔피언이 되기까지

허블은 섀플리의 주장이 맞는지 꼭 밝혀내고 싶었어. 그래서 섀플리가 떠난 뒤에도 윌슨산 천문대를 꿋꿋하게 지키며 자신만의 연구를 계속했어.

부모님 때문에 권투를 포기한 허블이지만, 상대를 쓰러뜨릴 때까지 이를 악물고 뛰는 집념만은 사라지지 않았어. 오랫동안 홀로 밤하늘을 관측할 때 이런 집념은 큰 도움이 되었지. 사람 없는 높은 산꼭대기의 천문대에서 잠도 자지 않고 매일 밤 망원경만 들여다보는 것은 고된 일이야. 특히 몇 년 동안 관측해도 원하는 장면을 볼 수 없을 때면 누구든 포기하고 싶어지지. 하지만 허블은 달랐어. 챔피언이 되기 위해 쉼 없이 펀치를 날리는 권투 선수처럼 몇 년이고 관찰을 계속했어.

리비트의 발견

허블은 우선 안드로메다은하까지의 정확한 거리를 알아야겠다고 생각했어. 별의 거리를 구할 때에는 정확한 별의 밝기부터 알아야 해. 별의 밝기는 두 가지 방법으로 알아낼 수 있는데 절대 밝기와 겉보기 밝기야. 천문학자들은 두 값의 차이를 통해 별이 얼마나 멀리 있는지를 계산하지.

겉보기 밝기는 우리 눈에 보이는 별의 밝기를 나타낸 거야. 이 밝기는 실제 거리와 상관이 없어. 아무리 밝은 별이라도 지구에서 멀어질수록 어두워 보이니까. 절대 밝기는 별이 실제로 얼마나 밝은지를 나타내. 맨눈으로 보면 알 수 있는 겉보기 밝기와 달리 절대 밝기는 알아내기가 어려워. 따로 계산하는 방법이 있기는 하지만, 아주 멀리 있는 별의 밝기는 정확하지가 않아. 이때 기준으로 삼을 수 있는 별이 세페이드 변광성이야.

앞에서도 잠깐 얘기했듯이 변광성은 밝기가 변하는 별이야. 밝기가 변하는 이유는 별이 늙어가고 있기 때문이지. 사람이 나이를 먹으면 몸에 힘이 빠지듯이 별도 나이를 먹으면 항상 활활 타오를 만큼 에너지가 충분하지 않아. 꺼져 갔다가 다시 타오르기를 반복하지. 수명이 다 된 형광등이 깜박깜박거리는 것과 비슷해.

그중에서도 세페이드 변광성은 주기적으로 밝기가 변해. '내가 비록 늙어 힘이 없다 해도 무질서하게 살 수는 없지!' 하고 주기적으로 힘을 내어 운동하는 할아버지 같은 별이야. 헨리에타 스완 리비트는 세페이드 변광성의 밝아졌다 어두워졌다 하는 주기를 계산해 큰 발견을 해냈어. 세페이드 변광성이 밝았다 어두워졌다 하는 주기가 실제 밝기와 관계있다는 사실이지. 리비트는 미국의 천문대에서 계산원(자료 수치 분석가)으로 일하던 여성이었어. 리비트가 살았던 19세기 말에는 여성이 천문대에 올라가 망원경을 다루는 게 금지되어 있었어. 그래서 리비트는 산 아래 연구소에서 별을 찍은 사진을 보며 자료 정리만 해야 했지. 그러나 리비트는 허블만큼이나 끈기가 강했고, 무엇보다 별을 사랑했어. 주위 사람들이 모두 놀랄 정도로 지치지도 않고 변광성 사진 2,000여 장을 꼼꼼히 분석해서 100개가 넘는 세페이드 변광성을 찾아냈어. 그리고 별의 밝기가 변하는 주기와 실제 밝기 사이

안드로메다은하

리비트

에 일정한 관계가 있다는 것을 알아내 공식으로 정리했지.

사람들은 리비트가 만든 공식을 이용해 아주 멀리 있는 별도 실제 밝기를 구할 수 있게 되었어. 그 별이 밝았다 어두워졌다 하는 주기만 측정해서 리비트의 공식에 넣고 계산하면 되었지. 계산 결과, 실제로는 아주 밝은 별인데도 희미하게 보인다면 그 별은 아주 멀리 있는 별이었어. 결국 리비트의 공식은 별의 실제 밝기뿐만 아니라, 별까지의 거리를 구하는 데도 유용하게 쓰였단다.

진정한 승리자

허블이 윌슨산 천문대에 온 지도 어느덧 4년이 지났어. 밤마다 100인치짜리 망원경으로 하늘을 올려다보며 추위와 씨름했지만 원하는 결과를 얻지 못했지. 그동안 찍은 사진만 해도 수천 장이 넘었어.

허블은 천문대라는 링에서 버티는 권투 선수 같았어. 너무 지쳐서 포기하고 내려가고 싶었지만, 챔피언의 꿈을 이루기 위해 버티고 또 버텼지. 하늘을 관측하는 게 너무 좋았기 때문에 힘든 줄도 모르고 밤을 샌 날도 많았어.

허블은 그날도 안드로메다은하를 관측하고 있었어. 하늘 상태가 너무 안 좋았어. 망원경을 통해 찍은 사진을 뽑아 보니 렌즈나 필름에 생긴 흠집인지 새로운 별인지 알 수 없는 점이 보였어. 허블은 조용히 다시 망원경 앞에 앉았어. 궁금한 것의 정체를 확인하기 전에는 어차피 잠도 오지 않을 테니 말이야.

허블은 안드로메다은하의 사진을 다시 찍어 확인해 보았어. 점은 그대로 있었고 새로운 별들도 몇 개 더 보였어. 허블은 그들 중 하나가 세페이드 변광성이란 사실을 알게 되었어. 그리고 순간 리비트의 공식을 떠올리고는 너무 기쁜 나머지 만세라도 부르고 싶었어. 이제 세페이드 변광성이 밝아졌다 어두워졌다 하는 주기만 관측하면 그 별의 절대 밝기를 알 수 있을 테니까. 만일 절대 밝기에 비해 어두워 보인다면, 이 별을 포함하고 있는 안드로메다은하는 아주 멀리 있는 게 분명했어.

윌슨산 천문대

허블은 세페이드 변광성의 주기를 관측한 다음 안드로메다은하까지의 거리를 계산해 보았어. 그 결과 약 90만 광년이란 값을 얻었지(현대의 최첨단 장비로 측정한 결과 250만 광년으로 밝혀졌어.).

그때까지 섀플리가 측정한 우리은하의 크기는 10만 광년이었어. 안드로메다은하는 우리은하 바깥에 아주 멀리 떨어져 있는 또 다른 은하임이 분명해진 거야.

허블은 1924년에 자신이 관측한 결과를 발표했어. 섀플리는 우리은하가 우주 전체라고 했던 자신의 주장이 잘못되었다고 인정했어. 이로써 허블은 우주의 크기를 둘러싼 논쟁에서 진정한 승리자가 되었지. 별을 보는 것이 좋아 변호사의 길을 버리고 천문대로 올라간 한 청년 덕분에 사람들은 우주에 수많은 은하가 있음을 알게 된 거야.

또 다른 게임

허블의 승리는 여기서 끝나지 않았어. 챔피언을 노리는 권투 선수처럼 안드로메다은하를 통해 얻은 승리의 기쁨이 가시기도 전에 또 다른 승부 속으로 뛰어들었어. 그것은 우주가 변하고 있는지, 아니면 그렇지 않은지를 두고 벌이는 싸움이었지.

한쪽에서는 우주가 팽창하지 않고 늘 같은 상태라고 주장했고, 이를 '정상 우주론'이라 불렀어. 정상 우주론을 주장했던 대표적인 과학자는 호일이야. 아인슈타인도 처음에는 이 의견을 지지했지.

다른 한쪽은 우주가 아주 작은 원시 원자의 폭발로부터 생겨나 지금도 계속 부풀고 있다고 주장했는데, 이것을 '팽창 우주론'이라고 해. 르메트르가 아인슈타인의 방정식을 다시 계산해 이 주장이 맞다는 것을 증명했지. 르메트르는 뛰어난 수학 실력으로 밤하늘을 관측하지 않고 오직 계산

만으로 우주가 부풀고 있다는 것을 알아냈어. 그리고 우주가 부풀기 때문에 은하들이 서로 멀어진다는 논문을 발표했지. 하지만 세계적인 과학자들은 그런 논문이 있다는 것조차 몰랐어. 팽창 우주론은 아무런 주목도 받지 못하고 사라질 위기에 처해 있었던 거야.

허블은 안드로메다은하가 또 다른 은하라는 것을 알아낸 뒤 새로운 연구 과제들로 의욕에 넘쳐 있었어. 그는 우선 우주에 있는 수많은 은하들을 관찰해서 종류별로 나누었지. 겉모습에 따라 타원 은하, 렌즈형 은하, 나선 은하 등으로 나누었는데, 이것은 지금까지도 은하를 분류하는 기준으로 쓰이고 있어.

허블이 은하를 관찰할 때 항상 신경 쓰는 일이 있었어. 1912년에 로웰 천문대의 슬라이퍼가 발표한 관측 결과야. 슬라이퍼는 나선 은하들을 체계적으로 관측해 우주의 물질들이 서로 멀어지고 있다는 것을 확인했어. 팽창 우주론에 대한 증거를 처음으로 제시했다고 볼 수 있지. 아직 우주에 수많은 은하가 있다는 것조차 모르던 때였기 때문에, 당시에는 별 무리들이 지구로부터 멀어져 간다고만 이야기했어. 그런데 이것은 우주는 변하지 않는다는 정상 우주론에 맞서는 것이었어.

우주 관측의 챔피언이 되다

1925년 르메트르가 허블이 있는 윌슨산 천문대를 찾아왔을 때 두 사람이 무슨 이야기를 나누었는지는 기록으로 남아 있지 않아. 최고의 천문학자들이 만났으니 자신이 생각하는 이론이나 관측 결과에 대해 의견을 주고받았을 거야. 르메트르는 이미 그전부터 아인슈타인의 이론을 연구하며 우주가 부풀고 있다고 생각했어. 아마도 허블이 관측해 놓은 자료를 보면서 자신의 의견을 이야기하지는 않았을까?

르메트르의 주장대로 우주가 팽창한다면 은하들은 서로 멀어져 가야 해. 게다가 슬라이퍼가 이미 그 사실을 뒷받침하는 관측 결과를 내놓았기에 허블은 이 문제를 깊이 파고들어 가 보기로 했지. 그래서 동료 천문학자인 휴메이슨과 함께 스물네 개의 은하를 세심하게 관측했어.

휴메이슨은 원래 노새에 물건을 싣고 천문대까지 나르던 사람이었어. 천문대가 너무 높고 험한 곳에 있다 보니 차가 올라갈 수 없었거든. 그러다가 차츰 하늘을 관측하는 데 흥미를 느끼기 시작했어. 자신보다 두 살 많은 허블을 형처럼 따르며 이것저것 물어보기 시작했지. 휴메이슨은 어느새 독학으로 천문학 공부를 하게 되었고, 천문대의 고장 난 장비를 고치며 손재주를 인정받았어.

그러던 어느 날 천문대 연구원 중 한 사람이 갑자기 몸이 아파 관측을 할 수 없게 되었어. 밤하늘에 펼쳐지는 우주의 모습을 한 장면이라도 놓치고 싶지 않았던 허블은 휴메이슨에게 망원경 관측 사진을 찍어 달라고 부탁했어.

휴메이슨이 찍은 은하 스펙트럼들을 본 허블은 깜짝 놀랐어. 이제까지 그 어떤 연구원이 찍은 사진보다 선명했기 때문이야. 휴메이슨은 밤하늘을 관측할 때 어디를 어떻게 보아야 하고, 필요한 장면을 어떤 식으로 사진에 담아야 하는지 정확히 알고 있었어. 단순히 취미로 천문 관측에 흥미를 가진 줄 알았는데, 사실은 뛰어난 실력을 갖추고 있

었던 거야. 허블은 당장 그를 조수로 채용했어. 휴메이슨은 나중에 정식 천문학자가 되어 휴메이슨 혜성을 발견했고 허블의 연구에도 큰 도움을 주었단다.

휴메이슨

허블은 뛰어난 조수를 받아들인 뒤 멀리 있는 은하들이 보내는 빛에 대해서도 더욱 정확한 관측을 하게 되었어. 그 결과 먼 은하일수록 더 빨리 멀어져 간다는 것을 확실하게 알아냈지. 1929년에 허블은 이 사실을 정리한 '허블의 법칙'을 발표했어. 이제 우주가 변하지 않는다는 주장이 틀렸다는 게 분명해졌지.

1931년에 허블은 아인슈타인을 윌슨산 천문대로 초청했어. 그리고 은하가 지구로부터 점점 멀어지고 있다는 것을 뒷받침하는 관측 자료들을 보여 주었어. 자료를 살펴본 아인슈타인은 결국 우주가 변하지 않는다는 자신의 생각을 버려야 했어. 그리고 그곳을 찾아온 기자들 앞에서 우주가 부풀고 있다는 주장이 맞다고 인정했지. 이 일을 계기로 이미 2년 전에 팽창 우주를 주장했던 르메트르의 논문이 다시 빛을 보게 되었지.

사람들은 허블의 방대한 관측 자료를 통해 우주에는 수많은 은하들이 있고, 우주가 점점 부풀고 있다는 사실을 알게 되었어. 허블은 관측의 위대함을 보여 준 훌륭한 과학자였고, 중요한 논쟁 상대들을 확실하게 물리친 진정한 챔피언이었던 거야.

은하의 종류

허블은 수많은 은하를 관찰한 뒤 보이는 모습에 따라 다음과 같이 나누었어.

타원 은하

동그랗거나 타원형으로 생긴 은하이다.

렌즈형 은하

가운데 부분이 위아래로 봉긋 솟은 얇은 렌즈 모양으로 생긴 은하이다.

정상 나선 은하

둥그런 몸통에서 팔이 소라껍데기처럼 꼬이며 뻗어 나온 은하이다.

막대 나선 은하

둥그런 몸통에서 끝이 구부러진 팔이 뻗어 나온 은하이다.

불규칙 은하

특정한 모양을 가지지 않은 은하이다.

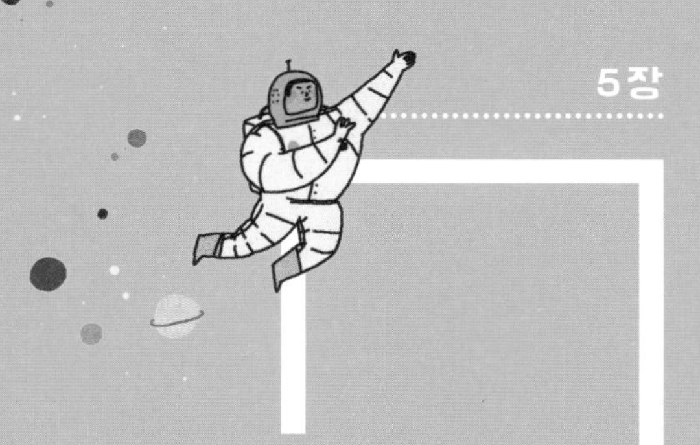

5장

우주는
어떻게 변해 왔을까?

끓기 시작한 우주 수프

세상이 태어나기 전 우주에는 아무것도 없었어. 아무것도 없었다는 것을 상상하기는 힘들지? 시간도 빛도 아무것도 없다는 게 어떤 걸까? 그래서인지 정말 아무것도 없었는지에 대해서는 사람들마다 생각이 달라. 몇몇 과학자들에 따르면, 세상이 태어나기 전 우주에는 '양자'라는 것들이 있었다고 해. 양자는 눈에 보이는 물질은 아니야. 눈에 보이지 않는 힘, 즉 에너지의 가장 작은 단위지. 그런데 양자는 갑자기 물질 알갱이로 나타났다가 홀연히 에너지 상태로 돌아가기를 되풀이하는 성질이 있어.

세상이 태어나기 전 우주에는 양자들이 거품처럼 생겨났다가 사라지고 있었어. 아무것도 없는 상태와 무언가가 생기는 상태가 되풀이되고 있었지. 이런 신기한 현상은 지금 우리 주변에서도 벌어지고 있어. 단, 눈에 보이지 않는 세계에서만 관찰할 수 있기 때문에 우리가 느끼지는 못해. 현대 양자 물리학자들은 모든 물질을 양자 단계까지 쪼갰을 때 이처럼 생겼다 사라지는 현상이 반복되는 이유를 찾고 있는 중이야.

우연히 태어난 우주

양자 물리학자들이 바라본 세상은 어느 날 양자가 돌발 행동을 한 데서 시작되었어. 우연히 생겨난 양자가 아무것도 없는 상태로 돌아가기를 거부하고 부풀어 오르기 시작한 거지. 과학자들은 이렇게 부풀어 오르는 힘이 너무 셌기 때문에 우주가 태어난 지 1초가 되기도 전에 상상하기 어려울 정도로 커졌으리라 추측하고 있어.

아인슈타인은 우주가 우연히 생겨났다는 양자 이론을 좋아하지 않았어. 원인과 결과를 정확히 밝히지 못한 채 우연히 발생했다고 하는 것은 진정한 과학이 아니라고 생각했기 때문이야. 하지만 그가 인정하기를 거부했던 이 양자 이론은 20세기 들어 첨단 과학에서 활발히 응용되고 있어.

오늘날 널리 쓰이는 기술에도 양자의 성질이 이용된 분야가 많아. 예를 들어 컴퓨터의 저장과 연산에 꼭 필요한 반도체, 빛을 강하게 쏘아 보낼 수 있는 레이저, 다이아몬드보다 강한 물질을 만드는 나노 기술 등이 있어. 우리나라의 한 통신사는 양자 암호칩을 개발 중이야. 만약 이 연구에 성공하면 예측하기 어려운 양자의 성질 때문에 어떤 해커도

뚫을 수 없는 강력한 보안망을 갖출 수 있게 되지. 이처럼 현대의 첨단 기술을 좌우하는 양자 이론은 우주의 출발점을 설명하는 과학의 가장 믿을 만한 기준이 되고 있어.

뜨겁고 강렬한 폭발, 빅뱅

세상이 태어나기 직전 우주는 끓어오르는 수프 같았어. 우주의 씨앗이 될 양자들이 거품처럼 생겼다가 사라지고, 또다시 생기기를 되풀이했어. 그러던 중 양자 하나가 더 이상 사라지지 않고, 큰 폭발을 일으키며 부풀어 올랐어. 빅뱅이 일어난 거야.

빅뱅이 일어나고 100분의 1초 후 온도는 엄청나게 높이 올라갔지. 우주 공간의 온도가 높다는 것은 그만큼 높은 에너지로 가득 차 있다는 뜻이야. 높은 에너지가 모이다 보면 에너지가 물질로 변하게 돼. 아인슈타인은 이 과정을 유명한 '$E = mc^2$'이라는 공식으로 나타냈어. 이 공식에 따르면 물질(m)은 빛의 속도(c)를 제곱한 것과 같은 에너지(E)로 바뀔 수 있어.

물질을 이루는 가장 작은 단위인 원자가 생기려면 그보다 작은 알갱이들이 서로 뭉쳐야 해. 예를 들면, 전자나 양성자 같은 알갱이들이 서로 달라붙어야 하지. 하지만 아직 우주는 너무 뜨거워서 모든 것이 뒤섞여 부글부글 끓는 수프 같았어. 너무 높은 온도 때문에 이들은 제각각 날뛰며 서로 부딪치기만 했어.

빅뱅이 일어나고 3분쯤 지났을 때 우주는 여전히 부풀어 오르면서

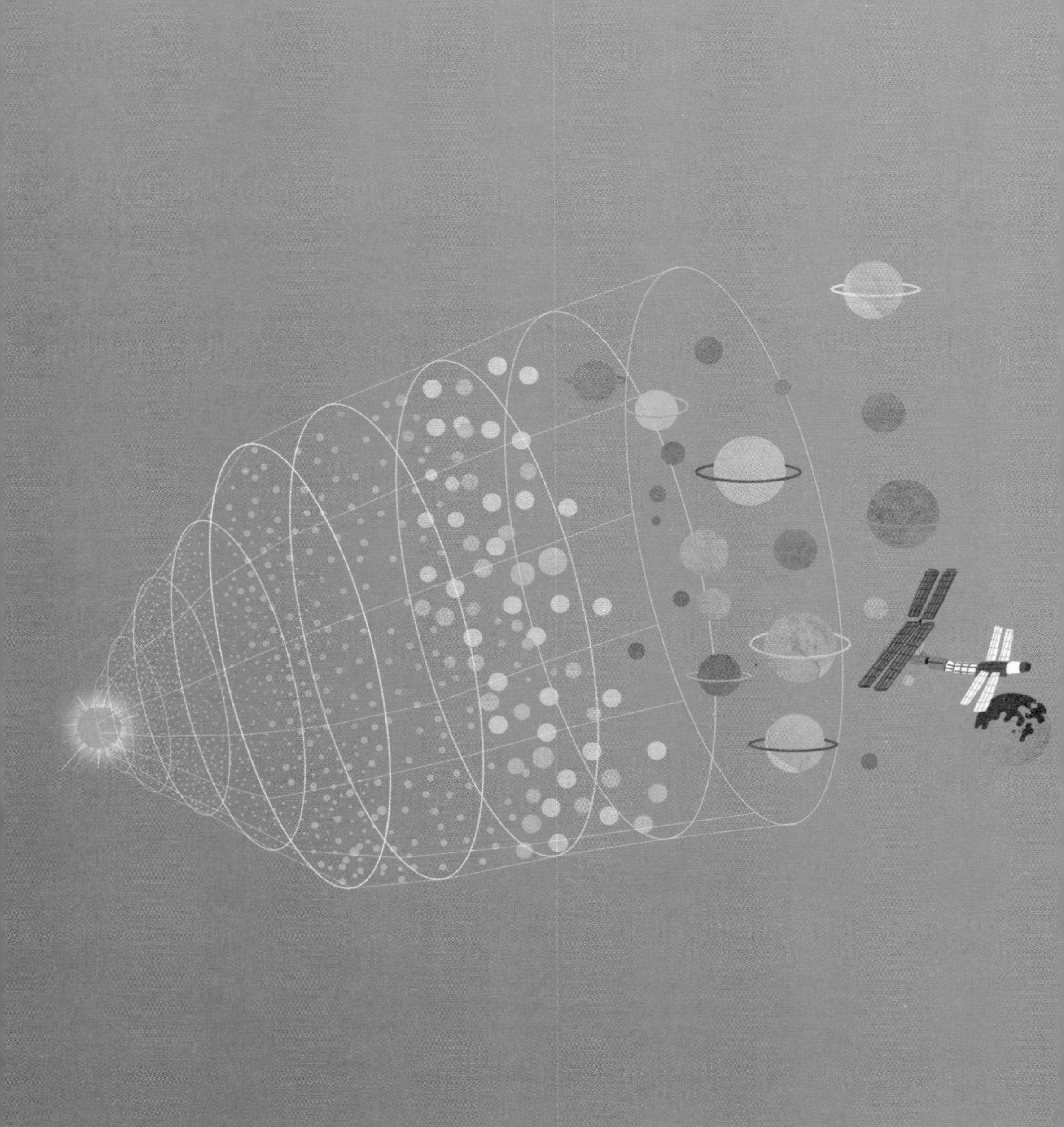

계속 식기 시작했어. 더 이상 에너지는 물질로 바뀌지 않았고, 날뛰던 물질 알갱이들도 조금씩 안정되었지. 그전에는 서로 부딪쳐 튕겨 나가기만 했는데, 이제는 서로 끌어당기는 중력의 영향을 받아 결합하게 되었지. 그리고 최초로 수소 원자가 생겨났어. 이 수소들이 서로 결합하자 헬륨이 생겨났지. 지금 우리 몸속과 우주 전체에 있는 수소와 헬륨은 이때 생긴 것들이 계속 돌고 있는 거야.

아기 우주의 흔적

수소가 생기기 전 뜨거운 우주는 잔뜩 흐려 있었어. 한 치 앞을 내다볼 수 없을 정도로 안개가 잔뜩 낀 도로 같았지. 날뛰는 물질 알갱이들 때문에 빛은 앞으로 나아가질 못했어. 그래서 이때 나온 빛은 우리가 관찰할 수 없어. 하지만 수소가 생길 때쯤부터 물질 알갱이들끼리 서로 뭉치기 시작하자, 빛이 자유롭게 앞으로 나아갈 공간이 생겼어. 이때부터 우주는 맑게 개이기 시작했지.

1948년에 랄프 앨퍼와 로버트 허먼은 우주 나이가 38만 년 정도일 때부터 빛이 우주 전체로 뻗어 나아가기 시작했다고 예측했어. 그리고 우주가 계속 팽창하고 있다면 지금도 우주 전체에 그 빛이 희미하게라도 남아 있을 것이라 생각했지. 그들은 이런 초기 빛의 흔적에 '우주 배경 복사'라는 이름을 붙여 주었어.

1964년에 미국 물리학자인 펜지어스와 윌슨은 우연히 우주의 모든 방향으로부터 들려오는 소음을 발견했고, 그것이 아기 우주가 남긴 흔

적이라는 것을 알아냈어. 우주가 빅뱅과 함께 시작되어 지금까지도 계속 부풀고 있다는 증거를 찾아낸 거야.

두 사람은 우주 배경 복사를 발견해 인류가 우주의 출발점에 성큼 다가서도록 해 준 공로로 노벨 물리학상까지 받았어. 최초로 우주 배경 복사를 생각해 냈던 앨퍼와 허먼은 아무런 상도 받지 못했는데 말이야. 이렇게 아무리 어려운 이론을 알아냈어도 그것을 뒷받침할 실험이나 관측 결과가 없다면 인정받기가 어렵단다.

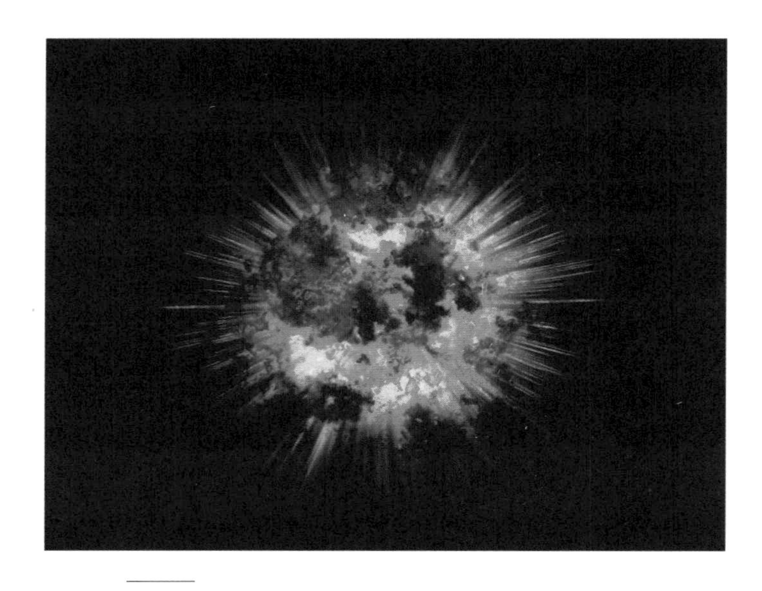

빅뱅의 상상도

자라는 우주

1989년에 우주 배경 복사를 제대로 관찰해 보기 위한 위성이 발사되었어. 이 위성의 이름은 '우주 배경 탐사선'인데, 간단히 코비(COBE: Cosmic Background Explorer) 위성이라 불러. 코비가 우주에서 1년 동안 찍어 보낸 사진을 자세히 검토한 결과, 세상이 처음 생길 때 나온 빛이 지금도 우주 전체에 남아 있다는 사실이 더욱 확실해졌어.

그런데 코비 위성은 놀라운 사실을 한 가지 더 알아냈어. 여러 방향에서 오는 우주 배경 복사를 동시에 측정해 보니, 그것들 사이에 아주 미세한 온도 차이가 있었어. 숫자로 나타내면 10만분의 1 정도였지. 천문대의 망원경으로는 결코 알아낼 수 없는 사실을 첨단 위성이 관측해 낸 거야.

우주 달걀

컴퓨터는 코비 위성이 관측한 결과를 바탕으로 우주 모형을 그려 냈어. 38만 살짜리 우주가 보낸 빛으로 그린 우주의 초상화라 할 수 있지. 과학자들이 알아낸 우주의 현재 나이가 138억 살이니까 38만 살 때 우주는 갓난아이와 마찬가지였다고 볼 수 있어.

38만 살 우주가 보낸 우주 배경 복사에는 밀도가 높아 뜨거운 곳과 밀도가 낮아 차가운 곳이 있었어. 그래서 두 부분을 다른 색깔로 표시하자 아래 그림처럼 알록달록 멋진 무늬가 만들어졌어. 그 모습이 마치 가로로 눕혀 놓은 달걀 같다고 해서 '우주 달걀'이라고 부르지.

우주 달걀

우주는 38만 년 만에 알에서 깨어나 별과 은하를 만들며 자라기 시작했어. 그림을 보면 청색과 붉은색으로 이루어져 있는데 붉은색 부분의 온도가 더 높아. 온도가 높다는 것은 그만큼 많은 물질이 모여 움직이기 때문에 밀도도 높다는 뜻이지. 비록 10만분의 1 정도에 지나지 않는 미세한 차이지만, 밀도가 높은 곳은 중력도 더 크고, 중력이 커진 만큼 더 많은 물질을 끌어들이기 시작해. 그러다가 중력이 감당하지 못할 정도로 물질이 모이면 다시 뿔뿔이 흩어지지.

이 과정에서 흩어진 물질들이 밀도가 더 높은 쪽으로 끌려가면 덩어리를 이루게 돼. 이 덩어리는 아주 커다란 구름 모양으로 우주 공간에 넓게 퍼지는데 가운데에는 수소가 똘똘 뭉쳐 있어. 이 수소 덩어리가 더 많은 물질을 끌어들여 단단하게 커지면 별의 모양을 갖추게 돼. 이런 식으로 별이 하나둘 나타나 빛을 내기 시작하자 우주에는 어둠이 걷히고 새벽이 찾아왔어.

최초의 은하

별들이 모이면 은하를 이루지. 최첨단 망원경으로 관찰한 결과에 따르면, 빅뱅과 함께 세상이 태어난 뒤 8억 년 정도가 지나자 은하가 생겨났다고 해. 아마 최초의 별은 그보다 먼저 생겨났을 거야.

초기 은하들의 크기는 현재 지구가 속한 우리은하보다 훨씬 작았어. 허블 망원경으로 125억 광년 전의 은하를 관측했더니 우리은하보다 25배 정도 작은 것으로 나타났어. 이런 작은 은하들 속에서는 수많은 별들이 태어나고 자랐지. 작은 은하들은 서로 부딪치고 합쳐져 몸집이 더 커지기도 했어.

세상이 태어나고 100억 년 가까이 지났을 때 은하들은 저마다 다른 모양을 갖추게 되었어. 우주는 계속 부풀어 올랐고, 은하들은 서로 점

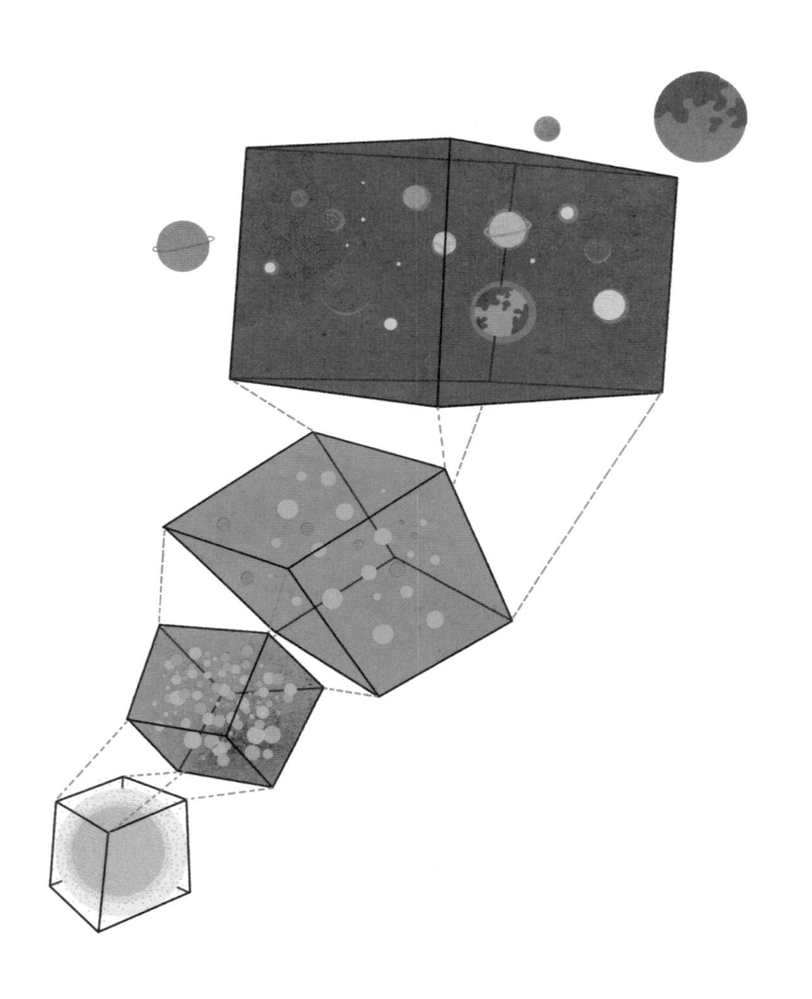

점 더 멀어져 갔어.

처음에 과학자들은 우주가 부풀어 오르는 팽창 속도가 점점 느려질 것이라고 생각했어. 은하들끼리는 서로 끌어당기는 힘이 작용하니까. 이 힘이 세면 우주가 부풀어 오르는 힘을 누르게 되어 우주는 아주 느리게 커 나갈 수밖에 없어. 하지만 첨단 위성을 띄워 관측한 결과는 정반대였어. 우주는 점점 더 빨리 부풀어 오르고 있어. 천체들끼리 서로 끌어당기는 중력을 누르고, 우주를 부풀리는 이 힘은 과학자들의 새로운 연구 대상이 되고 있지.

태어나고
죽는 별

빅뱅이 일어날 때 우주의 모든 에너지는 한 점에 모여 있는 상태였어. 이처럼 우주의 모든 것이 한 점에 모여 있는 것을 르메트르는 '원시 원자'라고 불렀어. 이 점의 온도는 아주 높았기 때문에 물이 펄펄 끓어 수증기가 가득한 것처럼 뿌옇게 흐린 상태였어. 물질을 이루게 될 작은 알갱이들이 뒤엉켜 끓고 있는 우주 수프와도 같았지.

빅뱅과 함께 부풀어 오르게 된 원시 원자는 상상도 할 수 없을 정도로 갑자기 커졌어. 그리고 대폭발 뒤에 우주의 온도는 차츰 낮아지기 시작했어. 펄펄 끓는 수증기의 온도가 내려가면 물이 되고, 이 물의 온도가 더 내려가면 얼음이 되는 것처럼 우주에도 비슷한 변화가 생긴 거야. 펄펄 끓는 우주 수프의 온도가 내려가자, 마치 수증기가 식어 얼음 알갱이로 변하듯 물질을 이루게 될 작은 알갱이들이 나타났어.

모든 물질은 질량을 가지고 있고, 그에 따른 중력도 갖게 돼. 질량이 큰 물질일수록 중력도 커지지. 또 중력이 크면 그만큼 주위의 물질들을 더 많이 끌어들이는데, 우주의 물질 알갱이들도 이런 과정을 거치면서 하나둘 만들어졌어. 그중 가장 먼저 생겨난 것은 수소야.

원시별에서 적색 거성으로

아무것도 없던 우주에 처음으로 나타난 수소 원자들은 서로 끌어당겨 두 개씩 짝을 이루어 수소 분자가 되었어. 수소 분자들은 더욱 강력한 힘으로 서로를 끌어당기면서 우주 공간에 구름처럼 뭉게뭉게 퍼지기 시작했지. 수소가 많이 모인 곳일수록 중력이 세니까 주변의 수소들을 더 많이 끌어당겼고, 그렇지 않은 곳은 점점 텅 비게 되었어.

점점 더 많은 수소들이 모이면서 생겨난 덩어리는 멀리서 보면 거대한 구름처럼 보였어. 그리고 그 중심으로 들어갈수록 수소 분자들이 더 빽빽하게 모여 덩어리를 이루고 있지. 이 덩어리는 서서히 자라서 우주 최초의 별이 되었는데, 이 별을 '원시별'이라고 해.

별의 중심으로 갈수록 더 많은 수소 분자들이 빽빽하게 모여 있기 때문에 서로를 누르는 압력도 더 세고, 압력이 센 곳에 있는 수소 분자들은 더 많은 에너지를 받기 때문에 아주 활발하게 움직여. 그리고 이런 활발한 움직임으로 인해 별 안쪽의 온도는 올라가. 이 온도가 수백만 도를 넘으면, 수소 알갱이들끼리 서로 합쳐져 새로운 물질인 헬륨을 만들게 돼.

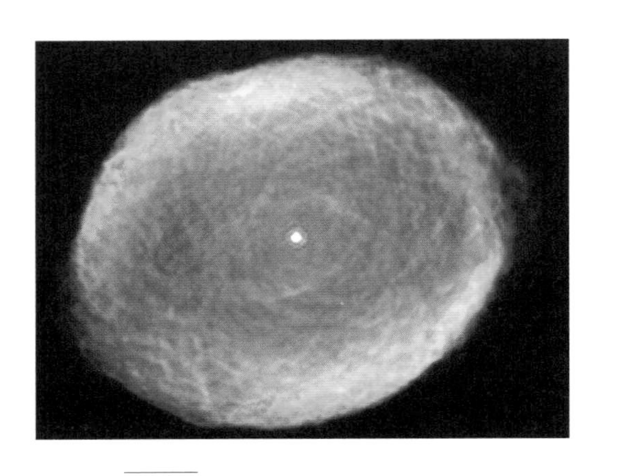

적색 거성

별에 있는 수소 알갱이들이 합쳐져서 헬륨을 만들 때 에너지가 조금 남는데, 이 에너지가 타오르며 빛을 내면, 먼 곳에 있는 관찰자의 눈에는 별이 반짝이는 것으로 보이지. 태양이 빛을 내는 것도 이런 원리야.

별 안쪽에서 온도가 점점 더 올라가면 수소는 모두 타서 없어지고, 헬륨만 남게 돼. 하지만 별 바깥쪽에는 아직도 수소가 남아 있어. 이 수소가 계속 타오를 때 별은 붉은빛을 내며 부풀어 오르게 되는데, 이렇게 커진 별을 '적색 거성'이라고 해. 적색 거성은 죽어 가며 마지막으로 찬란한 빛을 내는 별이라고 할 수 있지.

지금 지구에 따뜻한 빛을 비추고 있는 태양도 약 50억 년 후에는 적색 거성이 될 거라고 해. 그때쯤이면 크게 부풀어 오른 태양의 이글거리는 불꽃이 수성과 금성을 모두 집어삼키고 지구까지 이르게 될 거야.

백색 왜성

인도의 천문학자인 찬드라세카르는 별의 미래를 예측해서 유명해진 사람이야. 찬드라세카르는 수학을 아주 좋아했는데 19세

때 영국 유학을 떠나는 배 안에서도 쉬지 않고 계산을 할 정도였지. 그리고 세상을 놀라게 할 사실을 한 가지 알아냈어. 상대성 이론을 바탕으로 모든 별이 적색 거성으로 변하지는 않는다는 것을 증명해 낸 거야. 그 계산에 따르면 질량이 태양보다 1.44배 이상 크지 않으면 별은 적색 거성으로 자라지 못하고 어둠 속으로 사라지게 돼.

이런 별들은 어느 정도 타오르면 더 이상 온도가 올라가지 않아. 질량이 작아서 에너지를 낼 만한 연료가 부족하기 때문이지. 연료가 떨어진 별은 다 타 버린 장작처럼 하얀 재로 변해 버려. 이런 별을 '백색 왜성'이라고 불러.

'왜성'이란 '작은 별'이란 뜻이야. 우리말에도 '작은 고추가 맵다'는 속담이 있듯이 백색 왜성은 작지만 아주 무거운 별이지. 지구 정도 크기의 백색 왜성은 태양 절반 정도에 맞먹는 질량을 가지고 있어. 그만큼 중력도 센 별이야.

백색 왜성이 마지막으로 자신의 센 힘을 과시할 때가 있어. 차갑게 식어 어둠 속으로 완전히 사라지기 전이야. 이때 백색 왜성은 마지막을 화려하게 장식하기 위해 주변에 있는 큰 별의 도움을 받기도 해. 센 중력으로 그 별의 물질을 끌어들여

백색 왜성

자신의 표면에 쌓아 두다가 더 이상 버틸 수 없을 때 세차게 폭발해 버려. 이렇게 거대한 폭발과 함께 화려한 빛을 내다가 사라지는 별을 '초신성'이라고 해.

초신성에서 블랙홀로

태양보다 세 배가 넘는 질량을 가진 별들은 적색 거성이 되었다가 마지막이 가까워지면 역시 초신성이 돼. 이런 별들은 중력이 세기 때문에 중심에 있는 헬륨은 더 단단하게 뭉치고 그만큼 압력도 높아지고 온도도 올라가지. 이 과정에서 헬륨은 탄소로 바뀌고, 탄소는 산소, 네온, 마그네슘을 거쳐 철이 돼. 철은 안정된 물질이라 더 이상 변하지 않아. 대신 강한 중력으로 스스로를 눌러서 작아지기 시작해. 넘치는 에너지를 더 이상 사용할 곳이 없게 되면 스스로를 누르다가 결국 엄청난 힘으로 폭발하는 초신성이 되지. 초신성이 폭발할 때는 태양이 100억 년 동안 내보낼 수 있는 에너지를 한꺼번에 사용한다고 해.

초신성이 폭발할 때의 모습은 아주 다양하고, 어떤 화가의 그림보다도 멋져. 초신성 폭발은 별을 이루고 있던 탄소, 산소, 그리고 철과 같은 물질이 우주 공간에 고르게 뿌려지는 중요한 사건이기도 해. 지구상에서 살아가는 생명체의 기초가 되는 중요한 물질도 아주 먼 옛날 초신성 폭발로 생겨난 거야. 그런 의미에서 우리는 누구나 별에서 온 물질로 이루어졌다고 할 수 있어.

초신성이 폭발한 뒤에는 별의 질량에 따라 가는 길이 달라져. 태양

초신성 폭발 장면

보다 약간 무거운 별들은 물질들이 모두 흩어지고, 가운데에 똘똘 뭉친 중성자*만 남게 돼. 이 별은 지름이 10~20킬로미터일 정도로 작지만 무게는 태양과 비슷할 정도로 무거워.

한편 태양보다 세 배 이상 무거운 별들은 물질이 모두 날아가고 나면 센 중력만 남게 돼. 이런 중력은 주변의 물질을 모두 끌어들일 수 있는 초강력 블랙홀이 된단다.

*__중성자__ 원자를 이루는 작은 알갱이. 전기적으로 중성이다.

태양은 어떤 별일까?

태양은 태양계 안에 있는 유일한 별, 즉 '항성'이야. 항성이란 스스로 빛과 열을 내는 천체란 뜻이지. 태양은 지구를 비롯한 태양계의 모든 행성들에게 빛과 열을 주는 어머니 별이기도 해. 우리가 지구에서 살아갈 수 있는 것도 모두 태양이 주는 빛과 열 덕분이야.

태양이 태어나기 전 태양계는 가스와 먼지들만 모여 있었어. 별이나 행성은 하나도 없던 이곳에 어떤 사건이 일어났어. 그것은 은하들끼리 충돌한 것일 수도 있고, 초신성 폭발일 수도 있어. 어쨌

태양

든 그 충격으로 가스와 먼지들이 좀 더 빽빽하게 구름처럼 몰리는 곳이 생겼어. 이 구름의 중심에 물질이 점점 많이 모여 압력이 높아지고 온도가 올라갔어. 별의 씨앗이 생겨나 자라기 좋은 환경이 된 거야. 이런 곳에서 약 46억 년 전에 생겨난 별이 태양이지. 과학자들은 태양의 수명을 앞으로 100억 년 정도로 예상하고 있어.

그런데 태양은 왜 빛을 내는 걸까? 태양의 중심에서 수소 원자들끼리 반응해 헬륨으로 변하는 과정에서 남아도는 에너지가 타오르기 때문이야. 우리가 지금 보는 태양빛은 이미 수십만 년 전에 태양이 만든 거라는 사실도 기억해야 해. 태양이 너무 멀리 있기 때문에 태양이 보낸 빛이 지구에 오기까지 오랜 시간이 걸리거든. 태양이 워낙 큰 별이라 내부에서 만든 빛이 태양 밖으로 나오는 데에도 많은 시간이 걸려.

지구와 비교했을 때 태양의 지름은 지구의 약 100배, 부피는 100만 배나 돼. 즉, 태양 하나에 지구가 100만 개나 들어갈 수 있어. 하지만 우주 전체로 보면 태양은 그저 평범한 크기의 별일 뿐이야. 그만큼 우주에는 커다란 별이 많단다.

태양은 우리가 알아차리기 어려울 정도로 해마다 조금씩 더 뜨거워지고 밝아지고 있어. 앞으로 약 50억 년 후에는 크게 부풀어 수성과 금성은 물론이고, 지구까지 집어삼키고 말 거야. 그때쯤 인류는 어떻게 될까? 아마도 발달한 과학 기술을 이용해 지구와 비슷한 다른 행성으로 이주해 가지 않을까?

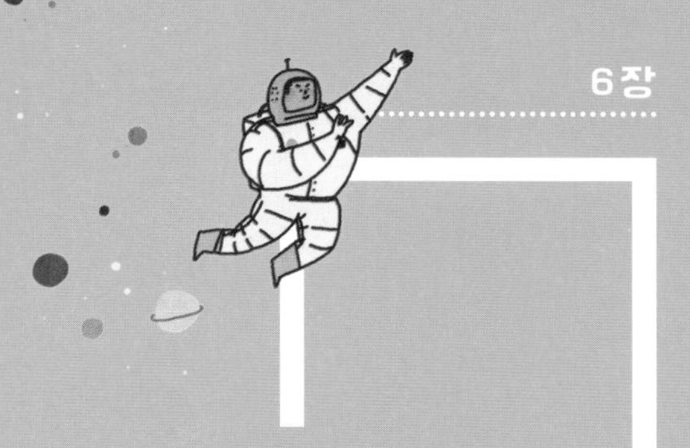

6장

다른 우주로 갈 수 있을까?

우주로 나가기까지

우주로 나가는 것은 인류의 아주 오래된 꿈이야. 밤하늘에 뿌려진 보석처럼 반짝이는 별과 달을 보면 누구나 한 번쯤 그 먼 곳으로 날아가 보고 싶어지거든. 그리고 커다란 호기심에 사로잡히게 돼. 하늘 너머로 끝없이 펼쳐진 미지의 세계에는 무엇이 있을까? 우리와 닮은 또 다른 생명체가 살고 있지는 않을까?

아주 오래전부터 사람들은 밤하늘을 보고 또 보았어. 그러면서 별과 별을 이어 별자리를 만들었고, 그에 얽힌 이야기도 만들어 냈지. 우리 조상들은 달에 어리는 거뭇한 얼룩을 바라보며 토끼가 떡방아를 찧는 모습이라고 생각하기도 했어. 또 추석에 뜨는 보름달을 보고 소원을 빌면, 달이 그것을 이루어 준다고 믿기도 했지.

하지만 과학이 발달하면서 달과 별은 본모습을 드러내기 시작했어.

거기에는 사람들이 오랜 옛날부터 상상해 온 이야기의 주인공들은 없었어. 대신 아주 멀기는 해도 실제로 가 볼 수 있는 새로운 땅으로 다가오기 시작했지.

미사일과 로켓

우주 비행은 로켓을 개발하면서부터 가능해졌어. 로켓은 처음에 무기로 사용하기 위해 만들어졌지. 1200년경 중국 사람들은 멀리까지 날아가는 불화살을 만들었어. 이 화살이 날아가는 원리는 오늘날 로켓이 우주 공간으로 날아가는 원리와 비슷해. 화살 끝에 달린 화약이 터지면서 주변 공기를 세차게 뒤로 밀면, 화살은 멀리 날아갈 수 있는 힘을 얻게 돼. 물론 폭발하는 화약의 힘이 셀수록 화살은 더 멀리 날아갈 수 있어.

고다드

1900년대 초 러시아의 치올콥스키는 불화살의 원리를 로켓에 적용해 지구를 탈출하는 상상을 했어. 화약 대신 액체 연료를 사용하는 로켓이라면 우주 공간까지도 날아갈 수 있다고 주장했지. 액체 연료는 화약보다 훨씬 센 힘으로 타오르기 때문에 로켓이 지구의 중력을 벗어날 수 있을 거라 믿었어.

치올콥스키의 상상을 현실로 만든 사람

은 미국의 로켓 공학자 고다드야. 고다드는 1926년에 세계 최초로 액체 연료를 쓰는 로켓을 만들었어. 그리고 이 로켓을 차츰 개선해 1935년에는 음속보다 빠른 속도로 약 2,000미터 상공까지 날아오르게 했어. 고다드도 치올콥스키처럼 로켓이 우주여행에 쓰이길 원했어. 자신이 만든 로켓을 타고 우주 공간으로 나가 여행하는 법에 대한 글도 썼지. 하지만 살아 있는 동안 그 일을 이루지는 못했어.

로켓이 지구를 탈출할 정도로 성능이 좋아지는 데는 전쟁이 한몫을 했어. 제2차 세계 대전이 일어나자 독일군은 연합군을 이기기 위해 신무기를 개발했지. 바로 V-2 로켓이야. 이 로켓은 폭탄을 좀 더 멀리까지 발사하기 위해 만든 미사일이었어. V-2 로켓은 유럽 곳곳을 공격해 쑥대밭을 만들었지. 독일 과학자들은 여기에서 멈추지 않았어. 미사일의 성능을 개선해 약 6,800킬로미터나 떨어진 미국까지 공격하려고 했지. 하지만 미국이 먼저 핵무기를 쓰는 바람에 전쟁은 연합군의 승리로 끝나게 되었어.

전쟁이 끝나자 V-2 로켓 개발에 참여했던 독일 과학자들 중 몇 명은 미국으로 건너갔어. 당시 미국은 달까지 쏘아 올리는 로켓을 만들려고 했기 때문에 가장 성능이 뛰어난 V-2 로켓의 기술이 필요했거든. 그래서 미국을 공격하기 위한 무기를 만들었던 다른 나라의 과학자들을 데려오기로 한 거야.

우주 비행의 꿈

하지만 우주 비행의 꿈을 가장 먼저 이룬 나라는 미국이 아닌 러시아였어. 1957년에 러시아는 세계 최초로 스푸트니크 1호라는 인공위성을 우주에 쏘아 올렸어. 스푸트니크 1호는 지름이 1미터도 안 되는 작은 알루미늄 공처럼 생긴 인공위성이었어. 우주 공간으로 날아간 스푸트니크 1호는 지구 주위를 돌며 주기적으로 신호를 보내왔어.

이 소식에 가장 큰 충격을 받은 나라는 미국이었어. 이때는 미국과 러시아가 세계에서 가장 크고 강한 나라였고, 제2차 세계 대전 이후 계속 대립하고 있었거든. 러시아가 인공위성을 쏘아 올릴 정도의 로켓을 만들 수 있다면, 단숨에 미국 본토를 공격할 미사일을 쏘는 것도 가능하기 때문이야. 미국은 러시아에 뒤질세라 로켓 개발에 온 힘을 쏟아부었어. 어떻게든 러시아보다 강하다는 것을 보여 주어야 했지. 그래서 달에 사람을 보내 러시아의 코를 납작하게 눌러 주려고 했어.

러시아도 가만있지는 않았어. 사람을 우주 공간으로 보내기 전에 일단 다른 생명체를 보내 안전한지 살펴보기로 했어. 이때 세계 최초의 우주 비행사로 선택된 개가 '라이카'야. 물론 라이카가 직접 우주선을 조종하지는 않았지. 스푸트니크 2호에 탑승한 라이카의 임무는 자신의 몸과 연결된 기계를 통해 우주에서 체온과 맥박이 어떻게 변하는지를 보여 주는 것이었어. 하지만 인공위성이 지구를 벗어나고 7시간쯤 지났을 때 라이카는 심장 박동이 세 배나 빨라지면서 결국 죽고 말았어. 아직 우주 기술이 발달하지 않았을 때라 인공위성 속 환경이 생명체가 살아남기에는 적합하지 않았던 거야. 어쩌면 낯선 환경에 갇혀 있다는 사실만으로도 죽음에 이를 정도로 큰 두려움을 느꼈을지도 모르겠어.

라이카 이후에 또 다른 개와 동물들이 우주 비행을 하게 되었고, 그중에는 살아 돌아오는 동물들도 생겼어. 기술은 이렇게 차츰 발전해 갔지.

1961년에는 마침내 러시아의 '유리 가가린'이라는 사람이 인류 최초로 우주 비행에 나서게 되었어. 그는 보스토크 1호를 타고 우주 공간으로 나가 1시간 29분 동안 지구 주위를 돌았어. 우주 공간에서 지구를 바라본 최초의 사람이었지. 가가린은 '지구는 푸르다'라는 유명한 말을 남겼단다. 이 모든 일을 주도한 러시아의 과학자는 코롤료프였지만, 1966년에 세상을 떠날 때까지 사람들은 그에 대해 거의 알지 못했어. 우주 개발에 대한 정보가 새어 나갈까 봐 두려웠던 러시아 정부가 코롤료프를 철저하게 숨겼기 때문이야.

스푸트니크 2호에 탄 라이카

인간을 우주에 보내는 경쟁에서도 미국은 러시아에 지고 말았어. 하지만 1969년에 그동안의 패배를 모두 잊게 할 만큼 큰일을 해냈단다. 아폴로 11호를 타고 우주로 날아간 암스트롱과 올

드린이 인류 최초로 달 위에 선명한 발자국을 찍고 돌아온 거야. 달에 도착한 암스트롱은 달 표면을 걸으며 미국 국기까지 꽂았어. 이 일을 계기로 인류는 우주 비행의 꿈에 성큼 다가섰지.

암스트롱이 달 표면에 남긴 발자국

2014년에는 컴퓨터 공학자인 유스터스가 우주 공간에서 미식 축구 경기장만 하게 펼쳐지는 기구를 타고 고도 41킬로미터까지 올라갔다가 초음속 스카이다이빙에 성공했어. 최근에는 몇몇 민간 우주 항공 기업들이 엄청난 속도와 폭발력을 자랑하는 로켓 우주여행 상품까지 준비하고 있지. 아마 우주로 여행을 떠날 수 있는 시대가 몇십 년 안에 올 거야.

우주 정거장과 우주 생활

미국이 달 착륙에 성공하자, 이번에는 러시아가 위기감을 느꼈어. 우주 과학에서는 세계 제일이라고 자부하고 있었거든. 러시아는 미국이 하지 못한 일을 해내고 싶었어. 그래서 우주 공간에 사람이 생활할 수 있는 우주 정거장을 짓기로 했지. 러시아는 1971년에 세계 최초의 우주 정거장 살류트 1호를 로켓에 실어 쏘아 올렸어.

살류트 1호의 전체 길이는 15.8미터이고 무게는 약 19톤이야. 여기에는 우주인들이 휴식을 취할 수 있는 공간과, 지구와 통신할 수 있는 시설, 화장실, 물탱크, 카메라 등이 실려 있었지. 살류트 1호가 안정적으로 자리를 잡자 세 명의 러시아 우주인들이 소유즈 10호를 타고 지구를 떠났어. 살류트 1호와 도킹*을 해 그 안에서 생활하기 위해서였지. 소유즈 10호는 다섯 시간이 넘는 우주 비행을 마치고 살류트 1호와 도킹을 하는 데 성공했어. 그런데 세계 최초의 우주 정거장은 쉽게 들어갈 수 있는 곳이 아니었어. 소유즈 10호와 이 우주 정거장을 연결하는 통로의 문이 고장 나서 열리지 않았기 때문이야. 결국 세 명의 우주인은 그대로 지구로 돌아와야 했지.

하지만 러시아는 포기하지 않고 소유즈 11호를 준비했어. 다행히도 소유즈 11호를 탄 우주인들은 무사히 우주 정거장 안으로 들어가 23일 동안이나 머물렀어. 그곳에서 지구를 관측하고 간단한 실험도 하며 우주에서 생활이 가능하다는 것을 전 세계에 보여 주었지. 곧이어 미국과 유럽도 우주 정거장 건설에 뛰어들었고, 1993년부터는 전 세계가 함께 참여하는 국제 우주 정거장을 건설하기 시작했어. 미국, 독일, 프랑스, 캐나다, 러시아, 일본 등이 각자의 우주 정거장 계획을 하나로 통합해 이 건설에 참여했어.

하지만 이 건설은 쉽지 않았어. 2003년에는 우주 정거장 건설 임무를 마치고 지구로 돌아오던 컬럼비아 우주 왕복선이 공중에서 폭발하고 말았거든. 승무원 일곱 명이 모두 사망한 끔찍한 사고였지. 이 사고로 2006년까지는 어떤 우주 왕복선도 발사되지 않았어. 국제 우주 정

* **도킹** 인공위성이나 우주선들이 우주 공간에서 서로 결합하는 일

거장 건설에 필요한 물품들도 모두 지상에 묶여 있었지.

오랜 검토 끝에 인류의 미래를 위해서는 국제 우주 정거장 건설이 다시 시작되어야 한다는 결론이 내려졌어. 그래서 2006년부터 다시 건설이 시작되었고, 지금은 거의 완공되어 각 나라에서 파견된 우주인들이 우주 관측과 기초적인 과학 실험을 하고 있단다. 2008년에는 우리나라 최초로 공학자 이소연이 이곳에 머물면서 과학 실험을 하기도 했지.

시간 여행과
블랙홀

비록 달을 다녀온 것이 전부이기는 해도 이제 우주 비행은 가능해졌어. 인류의 다음 목적지는 화성이 될 것 같아. 수성이나 금성도 지구와 가까운 행성이기는 하지만, 태양과 가깝기 때문에 너무 뜨거워 사람이 착륙해서 탐사하는 것은 거의 불가능해.

이에 비해 화성은 탐사하기 좋은 조건이야. 게다가 무인 우주선을 보내 조사해 본 결과 얼음이기는 하지만 물이 있는 것으로 확인되었어. 물이 있다면 어딘가에 생명체가 있을 가능성도 크거든. 그래서인지 사람들은 화성을 '제2의 지구'라 부르며, 화성인이 존재한다고 상상하기도 해. 최근에는 화성에서 우주인이 머물면서 생활하는 영화가 상영되기도 했지.

또 하나의 지구

생명체가 사는 행성을 찾으려면, 지구와 비슷한 조건을 가진 행성을 찾으면 돼. 미국 항공 우주국(NASA)은 이 일을 위해 케플러 우주 망원경을 로켓에 실어 쏘아 올렸어. 이 망원경은 우주에서 별 주변을 돌고 있는 행성 약 3,500개를 발견했어.

이 많은 행성들 중 어디에 생명체가 사는지 알려면 먼저 두 가지 조건을 따져 봐야 해. 첫째, 태양과 비슷한 별 주변을 돌며 빛과 열을 적절히 받고 있는지 살펴봐야 해. 그래야만 생명체가 살아가기에 적절한 온도를 유지할 수 있거든. 태양계만 보더라도 수성과 금성은 태양과 너무 가까워서 뜨겁고, 목성과 토성은 멀어서 너무 춥기 때문에 생명체가 살지 못해. 둘째, 지구와 비슷한 질량과 크기를 갖추어야 하고, 생물이 살아갈 만한 암석과 흙도 있어야 해. 만일 행성이 기체로만 이루어졌다면 생명체가 살아갈 땅이 없거든. 또 크기가 지구보다 너무 크거나 작아도 안 돼. 그에 따라 중력이 너무 크거나 작으면 생명체가 살기에 적절하지 않으니까.

미국 항공 우주국에서는 태양계 밖에서 지구와 비슷한 행성인 '지구 2.0'을 찾아보기로 했어. 그리고 2015년에 드디어 '또 하나의 지구'라 부를 만한 행성을 발견했지. '케플러 452b'라 불리는 이 행성은 지구로부터 1,400광년 떨어져 있고, 크기는 지구보다 1.6배나 커. 무엇보다 지구와 닮은 점은 태양과 비슷한 별로부터 적당히 떨어져 그 주위를 돌고 있다는 사실이야. 지구가 태양 주위를 365일에 한 바퀴씩 돈다면, 이 행성은 그보다 20일 많은 385일에 한 바퀴씩 돌고 있어. 여러모로 지구와 비슷하기 때문에 이 행성에도 물이 있을 가능성이 커. 그리고 정말 물이 있다면 생명체가 살고 있을 가능성도 있지. 어쩌면 우리와 닮은 외계인이 살고 있을지도 몰라.

시간 여행

하지만 아무리 지구와 비슷한 행성을 찾았다 해도 빛의 속도로 1,400광년을 가야 한다면, 누가 그렇게 먼 길을 떠나려 하겠어? 목적지에 도착하기도 전에 우주선에 탄 사람들은 모두 늙어 죽고 말 거야. 그래서 과학자들이 생각해 낸 방법이 '시간 여행'이야. 시간의 터널로 가로지를 수 있다면, 1,400광년이 걸려 가야 할 거리도 단번에 훌쩍 건너뛸 수 있으니까.

시간 여행에서 등장하는 것이 아인슈타인의 상대성 이론이야. 상대성 이론은 시간과 공간을 함께 다루기 때문에 우주에서의 이동을 설명하기에 딱 알맞아. 아인슈타인은 물체가 빠르게 움직이면 시간은 천천히 흐른다고 했어. 만일 아주 빨리 움직여 시간을 10배 정도 천천히 흐르게 할 수 있다면, 10년 걸려야 갈 수 있는 거리를 1년이면 갈 수 있겠지? 1년 만에 10년 후 미래로 가게 되는 셈이지. 만일 빛의 속도에 거의 가까운 속도만 낼 수 있다면 1,400광년 떨어져 있는 '지구 2.0'에도 몇 년 만에 도착할 수 있을 거야.

한편, 중력이 커지면 시간은 천천히 흘러. 앞에서 상대성 이론에 의해 증명된 이 사실은 이미 우리 생활에도 적용되고 있어. 자동차 안에 설치된 내비게이션은 인공위성에 실린 항법장치 GPS의 신호를 받아 우리에게 길을 안내해 주지. 그런데 GPS는 지표면에서 2만 킬로미터 높은 곳에 있기 때문에 지표면에 있는 것보다 약한 중력을 받아. 중력이 약해진 만큼 시계를 똑같이 맞추어 놓아도 지상의 시계보다 매일 0.000045초 정도 빨리 움직이지. 하지만 위성이 운동하는 속도 때문에 시간이 조금 느려지는 효과가 더해져(앞에서 상대성 이론을 설명할 때 속도가 빨라질수록 시간은 느리게 흐른다고 했어.). 이 두 가지 효과의 영향으로 결국 시간은 매일 0.000038초 정도 빨라지게 돼. 큰 차이가 아니라고 그냥 두었다가는 차량 내비게이션이 10미터 정도 다른 곳을 가리킬 수 있어. 어두운 밤 잘 모르는 길에서 이런 내비게이션을 따라가다가는 목적지에서 계속 비껴 가 절벽에서 추락할 수도 있겠지?

중력이 셀수록 시간이 느려진다면, 중력이 너무 세 빛마저도 끌어들이는 블랙홀에서는 시간이 거의 멈출 거야. 만일 우리가 지구 근처의 블랙홀로 뛰어들어 지구 2.0 근처의 블랙홀로 나올 수만 있다면, 1,400광년이란 거리를 단 몇 분 만에 갈 수도 있어. 하지만 이 일이 가능하려면 강한 중력을 이용해 멀리 있는 두 공간이 서로 닿도록 구부려야 해.

사람들은 두 공간의 블랙홀이 서로 끌어당길 때 그 사이에는 '웜홀'이라는 터널이 생긴다고 가정했어. 웜홀은 '벌레 구멍'이란 뜻이야. 공간을 벌레처럼 파먹으며 지름길을 만들기 때문에 붙여진 이름이지. 높은 산을 넘어 다른 도시로 가려면 시간이 오래 걸리지만, 터널을 뚫으면 단 몇 분 만에 갈 수 있지? 마찬가지로 웜홀이란 터널을 이용하면 시공간을 단번에 훌쩍 뛰어넘는 여행을 할 수 있어.

사람들의 상상력은 웜홀에서 머물지 않고 화이트홀도 생각해 냈어. 화이트홀이란 웜홀을 지나온 모든 것들을 바깥으로 내보내는 구멍이야. 예를 들어 지구 근처의 블랙홀로 뛰어들어 웜홀을 거친 뒤에 지구 2.0의 화이트홀로 나오는 거지. 단, 블랙홀은 실제로도 관찰되고 있지만, 화이트홀은 아직 관찰되지 않고 있단다.

블랙홀, 우주의 시작이자 끝

우리가 다른 우주로 가는 데 이용하려는 블랙홀은 아주 작지만, 보통 우주에서 발견되는 블랙홀은 그렇지 않아. 우리은하의 중심에만 해도 반지름이 900만 킬로미터인 초거대 블랙홀이 있어. 이런 블랙홀은 주변에 있는 별들을 모두 끌어당겨 삼키기 때문에 '별들의 무덤'이라고 불리지.

세상이 처음 시작될 때 바늘 끝보다 작은 한 점에 우주의 모든 것이 모여 있었고 그 점이 어느 순간 큰 폭발(빅뱅)과 함께 부풀어 올랐다고 했지? 이때부터 시간이 흐르기 시작했고, 약 138억 년이 지나고 있는 중이야. 지금도 우주 공간은 계속 부풀고 있고, 그 속에서 자라난 별과 은하들은 점점 서로 멀어져 가고 있어. 아주 먼 미래의 어느 때가 되면 우주에 빈 공간이 늘어나고 연료를 다 쓴 별들은 더 이상 타오르지 않게 될 거야. 좀 무거운 별들은 초신성 폭발을 한 뒤 블랙홀로 변하겠지. 결국 마지막에 이 우주는 오직 블랙홀만 있는 암흑 세상이 될지도 몰라.

블랙홀마저도 사라질 때 우주는 빅뱅이 일어나기 전과 같은 상태로 돌아갈 거야. 아무것도 없는 텅 빈 상태가 되겠지. 하지만 마지막 남은 거대한 블랙홀이 폭발로 사라지고 나면, 우주 공간은 상상하기도 어려울 만큼 큰 에너지로 가득 찰 수도 있어. 그것은 블랙홀들이 빨아들였던 많은 물질들이 변한 에너지야. 상대성 이론에 따르면 물질은 곧 에너지이고, 에너지는 곧 물질이니까. 이 에너지가 스스로의 힘을 이기지 못하고 폭발할 때 또다시 새로운 우주가 태어나게 되겠지.

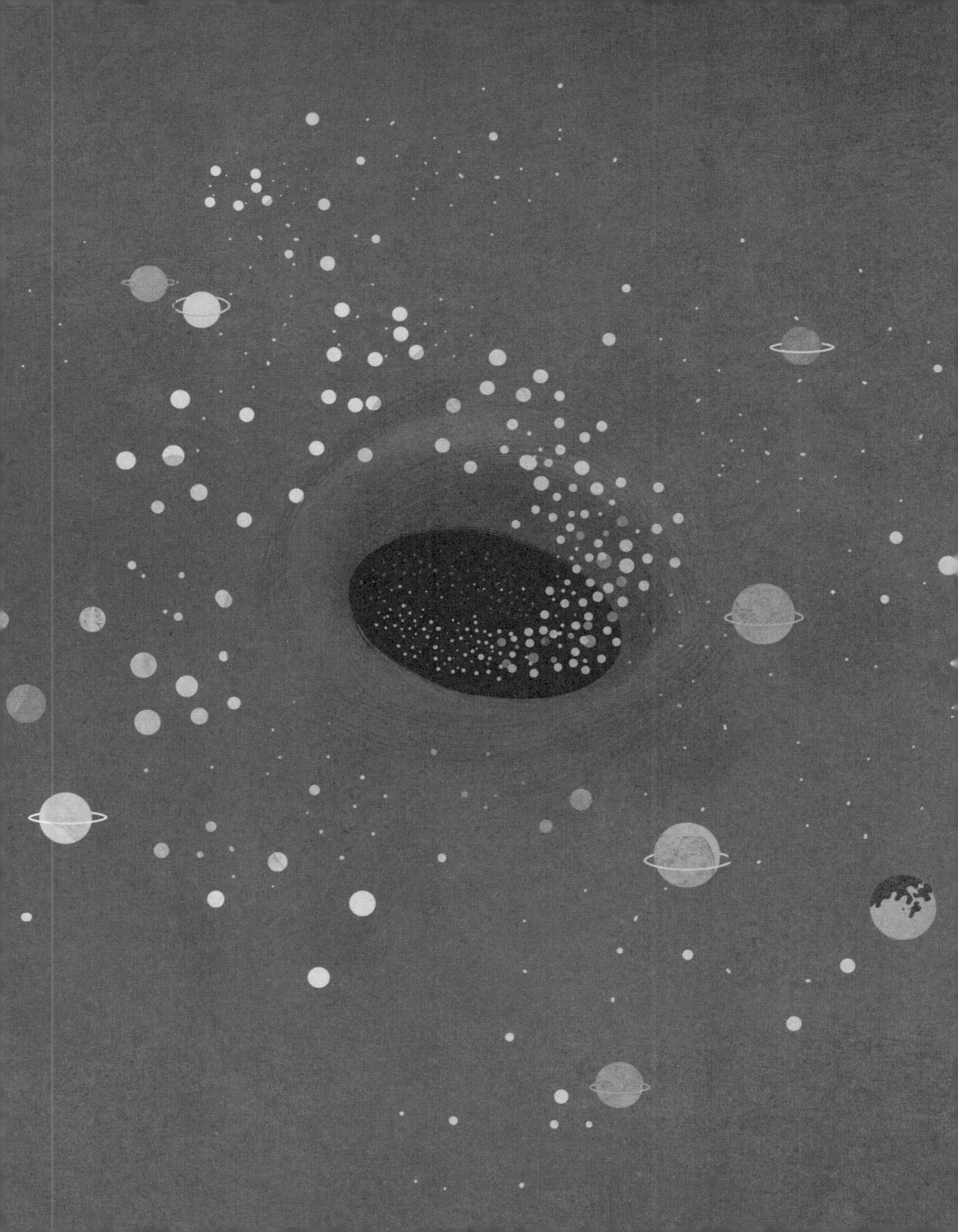

로켓 공학의 아버지, 고다드

로켓이 날아가는 원리를 가장 쉽게 이해하려면 풍선을 상상해 보면 돼.

풍선을 팽팽하게 분 다음 입구를 막고 있던 손을 놓아 봐. 입구에서 공기가 빠져나오면서 풍선은 반대 방향으로 날아올라. 이때 풍선이 움직이는 이유는 빠져나가는 공기와 반대 방향으로 나아가려는 반발력 때문이야. 반발력 중에서도 공기의 움직임과 반대 방향으로 작용해 물체를 날아오르게 만드는 힘을 '추력'이라고 해.

'로켓 공학의 아버지'라 불리는 고다드는 추력의 힘으로 날아오르는 로켓을 만들면서 여러 가지 특허를 냈어. 그중 대표적인 것 두 가지를 정리해 보면 다음과 같아.

고다드의 로켓 실험

1. 로켓 엔진 뒷부분에 가스가 빠져나가는 대롱처럼 생긴 노즐을 단다. 가스가 좁은 통로를 통과하려다 보니 배출 속도가 빨라지고, 그만큼 로켓이 하늘로 밀어내는 속도가 빨라진다.

2. 산소가 없는 진공 상태에서도 연료를 계속 태우는 장

치를 만들어 진공 상태에서도 로켓을 밀어내는 힘이 생기게 한다.

이외에도 고다드가 로켓에 대해 생각해 낸 것은 한두 가지가 아니야. 로켓의 연료가 다 타면, 빈 연료통이 떨어져 나가 무게를 가볍게 하는 방법도 알아냈어. 그는 이 방법으로 여러 개의 연료통을 달고 비행하면 멀리까지 날아갈 수 있다고 주장했지. 심지어는 지구를 벗어나 달까지 한 번에 날아갈 수 있다고 말했어. 그런데 당시 사람들 대부분은 고다드가 터무니없는 말을 한다고 여겼고, 그를 가리켜 달에 미친 '달사람'이라고 비웃었다고 해.

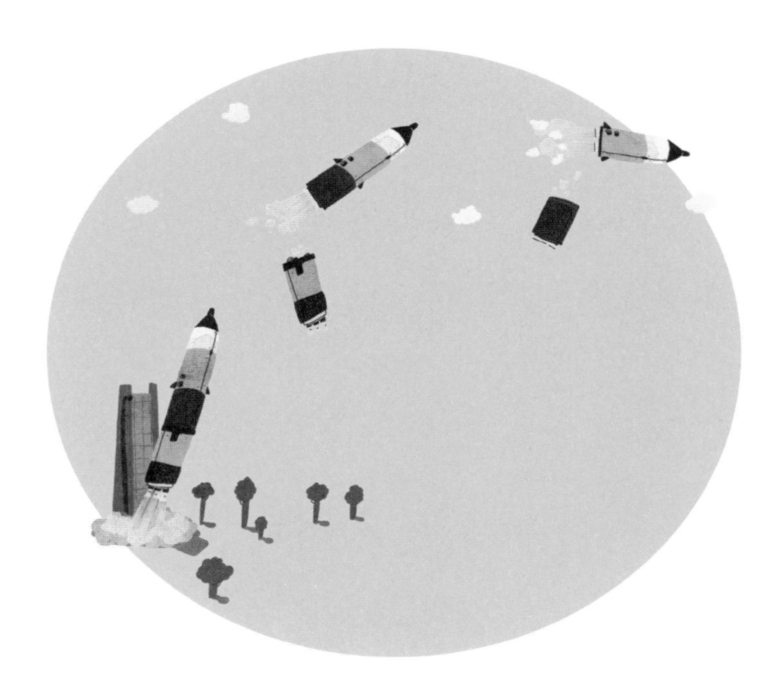

부록

망원경의 역사

인류는 아주 오래전부터 하늘의 움직임을 정확하게 관측하려고 노력했어. 이집트 사람들은 이미 6,000년 전부터 별과 달의 움직임을 세밀하게 관찰했지. 점성술과 달력을 만드는 데 이용하기 위해서였어. 달력은 농사를 짓는 데 꼭 필요했고 점성술은 별의 위치나 움직임으로 개인과 나라의 길흉을 알아내는 방법이야. 지금은 미신으로 여기는 점성술이지만 고대에는 정치적으로 백성들의 마음을 한데 모을 수 있는 중요한 방법이기도 했어. 당시에는 과학이나 의학이 발달하지 않았기 때문에 어떤 사건이나 질병이 발생하면 점성술사가 문제를 해결했거든. 백성들은 점성술사의 말이라면 그대로 믿고 따랐단다.

비록 과학과는 거리가 먼 점성술 때문이었지만, 고대인들의 관측은 놀라울 정도로 정밀했어. 망원경도 없이 맨눈으로 보았다는 게 믿기지 않을 정도로 정확했지.

천문 관측 도구와 망원경

중세를 지나면서 하늘을 관측하는 데 여러 가지 도구가 사용되기 시작했어. 별의 고도와 위치를 측정하는 아스트롤라베, 사분의, 육분의 등이 쓰이면서 태양계 안에 있는 행성들의 운동을 좀 더 정확하게 측정할 수 있게 되었어. 지구가 태양 주위를 돈다는 지동설이 자리 잡을 때쯤에는 천체를 관측해서 얻은 지식들이 점성술을 벗어나 천문학으로 발전하게 되었지. 본격적인 천문학의 시작은 갈릴레이가 망원경을 만들면서부터야.

원래 망원경을 처음 만든 사람은 1608년경 네덜란드에서 안경원을 하던 리퍼세이야. 리퍼세이는 우연히 렌즈 두 개를 가지고 풍경을 보다가 그렇게 하면 멀리 있는 물체가 확대되어 잘 보인다는 사실을 알게 되었어. 리퍼세이는 금속 통에 렌즈 두 개를 붙여 팔기 시작했지. 그런데 멀리 이탈리아에서 이 소식을 들은 갈릴레이도 직접 볼록 렌즈와 오목 렌즈를 이용해 망원경을 만들어 보았어. 그리고 세계 최초로 망원경을 이용해 천체 관측을 시작했지.

아스트롤라베

갈릴레이는 자신이 만든 망원경으로 달

표면의 크레이터, 태양의 흑점, 목성의 위성들을 찾아냈어. 그래서 지금도 목성의 위성인 이오, 유로파, 가니메데, 칼리토스를 통틀어 '갈릴레이 위성'이라 부른단다.

망원경의 발전

1668년에는 뉴턴이 처음으로 렌즈가 아닌 거울을 사용한 반사 망원경을 만들었어. 이 망원경은 큰 오목거울을 통해 빛을 반사시켜 모으는 원리를 이용한 거야. 거울은 렌즈보다 만들기 쉽고 비용도 적게 들어. 현재 사용하고 있는 대형 망원경 대부분은 반사 망원경이란다.

대형 망원경은 큰 거울이나 렌즈를 통해 많은 빛을 모을 수 있어. 덕분에 너무 멀리 있거나 어두워 잘 보이지 않던 천체까지 관찰할 수 있지. 사람들은 이런 망원경 덕분에 우주에 대해 새로운 사실을 많이 알게 되었어.

오늘날에도 천문학자들은 최대한 큰 망원경으로 밤하늘을 관찰하고 싶어 해.

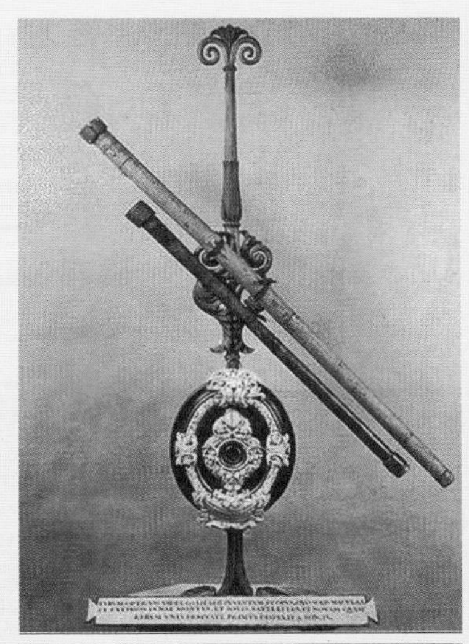

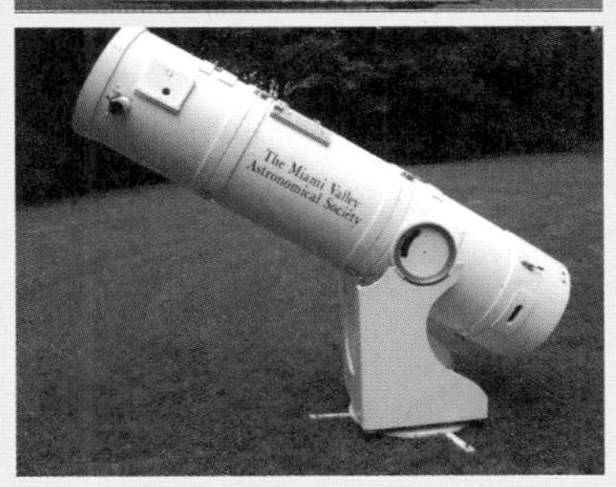

갈릴레이 망원경(위)
뉴턴식 반사 망원경(아래)

그래서 2015년 6월에 세계 여러 나라가 힘을 합쳐 초대형 망원경인 '거대 마젤란 망원경(GMT)'을 만들기 시작했어. 우리나라의 한국 천문 연구원을 포함해 미국의 카네기 천문대, 호주 국립대학 등 10개 단체가 참여하고 있지.

2025년 완공 예정인 이 망원경은 칠레 아타카마 사막의 라스 캄파나스 천문대에 설치할 계획이란다. 이곳은 1년 내내 비가 거의 오지 않는 사막이라 하늘을 관측하기에 더없이 좋아. 게다가 주변에 도시나 공장도 없기 때문에 밤에 전등 빛으로 인해 방해받을 일도 없지. 2021년에 첫 관측을 시작할 예정인데 지구형 행성이나 블랙홀 주변에서 휘는 빛까지도 관측할 수 있다고 해.

거대 마젤란 망원경

전파 망원경

너무 멀리 있어 대형 망원경으로도 잘 보이지 않는 천체를 관측할 때는 전파 망원경을 사용해. 전파 망원경은 천체에서 나오는 전파를 안테나로 잡아 그 강도를 기록계에 나타내. 전파를 받는 안테나, 약한 전파를 세게 키워 주는 증폭기, 전파를 기록하는 기록계 등으로 구조가 이루어져 있어. 이 망원경은 전파만을 잡아 보여 주기 때문에 보통 망원경처럼 별이나 행성의 모습을 직접 보여 주지는 않아.

세계에서 가장 큰 전파 망원경은 푸에르토리코의 아레시보 천문대에 있어. 이 천문대에서는 석회암을 채취한 뒤 움푹 파인 땅 위에 금속망을 쳐 안테나를 만들었어. 안테나 아래쪽 땅에 금속판을 설치해 만든 반사경은 지름이 305미터나 돼.

전파 망원경의 성능이 점점 좋아지면서 빛을 관찰해서는 알 수 없었던 은하계의 중심 모습이나 별이 생겨나는 과정 등을 알 수 있게 되었어. 빅뱅이나 블랙홀과 관련된 자료를 수집하는 데에도 전파 망원경은 꼭 필요한 도구야.

아레시보 천문대의 전파 망원경

우주 망원경

우주에 있는 천체들은 여러 가지 전자기파를 내보내고 있어. 이런 전자기파들은 천체에 대한 중요한 정보를 알려 주지만 지구에서 직접 관찰하기가 힘들지. 지구를 둘러싸고 있는 대기권에 막혀 전자기파들이 지상으로 내려오지 못하기 때문이야.

이 전자기파들 중에는 우리에게 해로운 것도 많으니까 대기권이 있다는 것은 아주 고마운 일이기도 해. 하지만 우주를 관찰하려는 천문학자들에게 대기권은 심각한 훼방꾼이야.

그래서 천문학자들은 대기의 방해를 받지 않고 전자기파를 관측할 수 있는 방법이 없을까 고민하다 망원경을 우주 공간으로 내보내게 되었어.

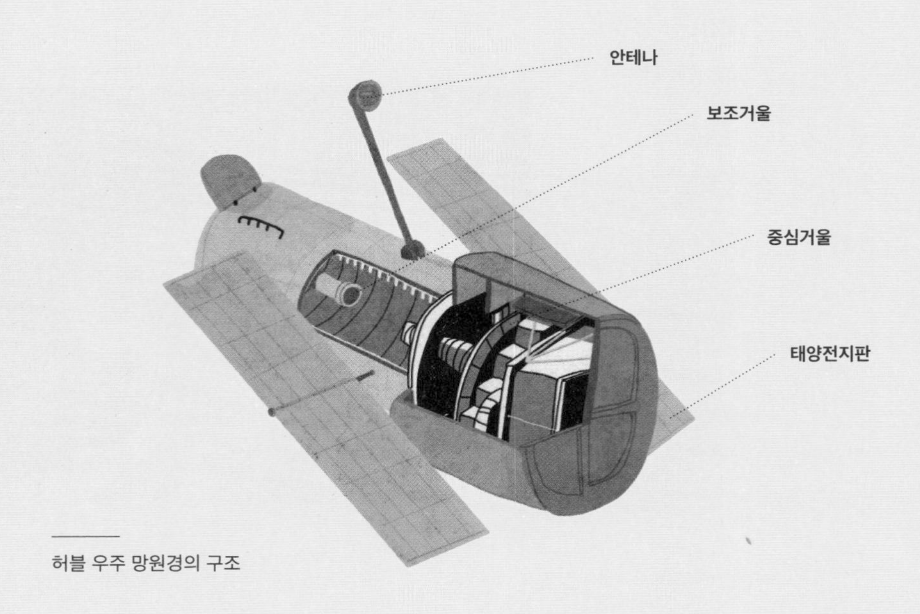

허블 우주 망원경의 구조

우주선에 망원경을 실어 우주 공간으로 띄워 보내면 지구를 둘러싼 대기나 화려한 야간 조명의 방해를 받지 않고 별과 행성들을 관측할 수 있어.

허블 우주 망원경은 1990년 4월 24일 우주선 디스커버리호에 실려 우주 공간에 설치된 최초의 우주 망원경이야. 천문학자 허블의 이름을 따 '허블 우주 망원경'이라 불리게 되었어. 이 망원경은 우주에 떠 있는 천문대라고도 할 수 있어. 지금까지 여러 번 수리를 받으면서도 우주의 놀라운 장면들을 많이 찍어서 보내 주고 있지. 우주 공간에서는 대기의 방해를 받아 별빛이 흔들리거나 흐려지지 않기 때문에 이 망원경이 찍은 사진은 아주 선명해. 멀리 있는 다른 은하의 모습이나 별이 폭발해 사라지는 모습도 담아 낼 수 있어.

허블 우주 망원경 외에도 현재 많은 우주 망원경들이 활약 중이야. 이 중에서 가장 잘 알려진 것은 지구와 닮은 행성을 찾기 위해 2009년에 띄운 '케플러 우주 망원경'이지. 이 망원경은 허블 우주 망원경보다 더 넓은 영역을 동시에 볼 수 있어서 제2의 지구가 될 만한 행성을 여러 개 찾아냈어. 그중에는 지구와 가장 닮아 '지구 2.0'이라 불리는 케플러452b 행성도 있단다.

우주 공간에 떠 있는 허블 우주 망원경

우주를 보며
더 큰 세상으로

초등학교에 입학하기 전이었을 거야. 한낮에 아무도 없는 골목길을 혼자 걸어간 적이 있어. 엄마나 친구들과 함께 다니던 길인데, 그날은 왜 혼자 걷게 되었을까? 아마 친구 집에서 놀다가 집으로 돌아가던 중이었을 거야. 아무튼 세상에 오직 나 혼자만 있는 듯한 기분이 들었어.

그러다가 문득 궁금해졌지. 세상은 언제부터 이렇게 있었던 것일까? 누군가는 태어나고, 누군가는 죽어 사라져 가도 세상은 늘 그대로잖아. 세상은 태어나지도 죽지도 않는 것일까? 내가 사라진다 해도 세상은 영원히 그대로 있을까?

나는 푸른 하늘을 올려다보며 질문을 던졌어.

'넌 언제부터 거기에 그렇게 있었니? 몇 살이니?'

시간이 흘러 나는 학교에 입학했고 과학을 배우게 되었어. 그러면서 이 세상에도 시작이 있었다는 것을 알게 되었지. 바로 '빅뱅 이론'이야. 이 이론에 따르면 우리를 둘러싼 이 세상, 우주는 한 점보다 작은 그 무엇이 크게 폭발하면서 시작되었어.

처음에 사람들은 우주 폭발 이론을 크게 비웃었어. 심지어 저명한 천문학자 프레드 호일은 한 라디오 방송에서 헛소리라고 놀렸지.

"뭐예요? 그럼 우주가 시작될 때 빵하고 빅뱅(대폭발)이라도 있었단 말이에요? 나 참~."

덕분에 우주의 큰 폭발을 가리키는 '빅뱅 이론'이란 이름도 생겼지만 말이야.

빅뱅 이론은 현대 과학에서 가장 위대하다는 평가를 받는 아인슈타인의 상대성 이론에서 시작돼. 벨기에의 신부이자 천문학자인 르메트르가 상대성 이론을 찬찬히 풀어 보다가 우주가 한 점의 대폭발에서 시작되었다는 것을 증명해 냈어.

대부분의 책에서는 우주가 폭발하며 시작되어 계속 부풀어 오르고 있다는 사실을 허블이 가장 먼저 증명했다고 가르치고 있어. 하지만 그보다 먼저 수학적으로 증명해 낸 사람은 르메트르야. 지금은 많은 학자들이 이 사실을 인정하고 있지. 우리나라에서도 연세대학교 천문학과의 이석영 교수님이 강연을 통해 우주 팽창 이론은 르메트르-허블 이론이라고 분명히 강조하기도 했어.

원인과 결과가 확실하게 증명되어야 하는 과학에서는 누가 어떤 이론을 어떤 방법으로 증명했는지를 분명히 아는 것도 아주 중요해. 물론 이 책에서 그렇게 깊은 내용까지는 다루지 않았지만 빅뱅 이론이 발전해 나가는 역사만큼은 정확하게 정리해 보려 했어.

현재까지 과학이 밝혀낸 바에 따르면, 우주의 나이는 138억 살 정도야. 우주가 앞으로 몇 살까지 더 살지는 아무도 몰라. 하지만 우주가 어떤 식으로 나이를 먹어 갈지에 대해서는 과학자들이 다양한 추측을 내놓고 있어. 우주에 얼마나 많은 별들이 있고, 그 별들이 어떻게 태어나 자랐다가 사라져 가는지도 밝혀냈지.

우리의 하루하루는 참 바쁘게 흘러가. 학교에서 학원으로, 그리고 다시 집으로……. 그사이 세상에는 정말 많은 일들이 일어나지. 전쟁과 테러와 지진과 홍수……. 하지만 이 책을 읽는 독자들이라면 한 번쯤 땅 위에서 벌어지는 일만이 아니라 하늘을 보았으면 좋겠어. 138억 년 동안 변함없이 있어 온 우주를 보며, 세상을 좀 더 큰 눈으로 들여다볼 수 있게 말이야.

유윤한

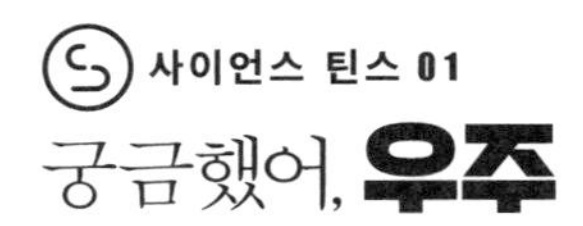

초판 1쇄 발행 2018년 1월 8일
초판 7쇄 발행 2023년 5월 23일

글 | 유윤한
그림 | 배중열
펴낸이 | 한순 이희섭
펴낸곳 | (주)도서출판 나무생각
편집 | 양미애 백모란
디자인 | 박민선
마케팅 | 이재석
출판등록 | 1999년 8월 19일 제1999-000112호
주소 | 서울특별시 마포구 월드컵로 70-4(서교동) 1F
전화 | 02)334-3339, 3308, 3361
팩스 | 02)334-3318
이메일 | book@namubook.co.kr
홈페이지 | www.namubook.co.kr
블로그 | blog.naver.com/tree3339

ISBN 979-11-6218-014-3 73440

값은 뒤표지에 있습니다.
잘못된 책은 바꿔 드립니다.

이 도서의 국립중앙도서관 출판예정도서목록(CIP)은 서지정보유통지원시스템 홈페이지(http://seoji.nl.go.kr)와 국가자료종합목록 구축시스템(http://kolis-net.nl.go.kr)에서 이용하실 수 있습니다.(CIP제어번호: CIP2017034891)